U0170972

单相逆变器的重复控制技术
Repetitive Control Techniques for Single Phase Inverters

叶永强　赵强松　竺明哲

武玉衡　董　昊　陈赛男　著

中原工学院学术专著出版基金资助

科学出版社

北　京

内容简介

逆变器是实现将直流电转换为交流电的电力电子变换器,其控制性能直接影响可再生能源发电系统的清洁高效程度和安全可靠运行能力。本书以典型单相并网逆变器或独立逆变器为切入点,以重复控制技术为核心,系统地阐述了重复控制理论及逆变器控制技术。深入浅出地分析和讨论单相逆变器建模和控制方法、重复控制基本理论、基于重复控制的复合控制策略、基于 FIR 滤波器的分数相位超前补偿重复控制、基于最优切换策略的相位超前补偿重复控制、基于循环采样的变相位超前补偿重复控制、采用 FIR 滤波器应对电网频率变化、采用锁相环相位加权应对电网频率变化的重复控制、设计内模滤波器应对电网频率变化、面向 LCL 参数变化的重复控制稳定性分析与设计等内容。

本书针对逆变器重复控制做了详细的理论分析和实验验证,可供高校控制科学与工程、电气工程及相关专业的硕士生、博士生和教师参考,也可供逆变器控制领域的科研工作者和技术人员参考。

图书在版编目(CIP)数据

单相逆变器的重复控制技术/叶永强等著. —北京:科学出版社,2022.10
ISBN 978-7-03-071819-8

Ⅰ.①单… Ⅱ.①叶… Ⅲ.①单相逆变器-过程控制 Ⅳ.①TM464

中国版本图书馆 CIP 数据核字(2022)第 040200 号

责任编辑:李涪汁 曾佳佳/责任校对:刘 芳
责任印制:赵 博/封面设计:许 瑞

科学出版社出版
北京东黄城根北街 16 号
邮政编码:100717
http://www.sciencep.com

北京科印技术咨询服务有限公司数码印刷分部印刷
科学出版社发行 各地新华书店经销
*
2022 年 10 月第 一 版 开本:720×1000 1/16
2025 年 1 月第三次印刷 印张:9 3/4
字数:200 000
定价:**99.00 元**
(如有印装质量问题,我社负责调换)

前　言

逆变器是可再生能源发电单元和电网之间，或者发电单元和负载之间的能量交换接口，用于将直流电能转化为高质量交流电能，其控制性能直接影响发电系统的清洁高效程度和安全可靠运行能力。重复控制是基于内模原理的先进控制技术，被广泛应用于逆变器系统中的基波跟踪和各次谐波信号的抑制。六年多来，我们在重复控制理论研究及其在逆变器系统控制应用方面取得了一些进展，相关论文也已经发表在如 *IEEE Transactions on Power Electronics*、*IEEE Transactions on Industrial Electronics*、《中国电机工程学报》、《电工技术学报》等国际和国内重要期刊上。由于论文散落在各个期刊中，而且限于篇幅，有些内容不能在论文中详细展开讨论，互相之间不能形成有机整体，因此，我们决定基于已经发表的相关论文，对我们前一段的研究工作进行系统梳理。一是对我们近年来的研究工作做一个阶段性总结；二是将我们的研究进展和成果奉献出来，给从事重复控制理论研究及逆变器系统控制的同行提供一点参考和借鉴。期望能在并网逆变器实际产品中推广重复控制的应用，为推动我国基于可再生能源的分布式发电系统的发展尽微薄之力。

重复控制 (repetitive control，RC) 是一种基于内模原理的控制策略，通过将外部扰动的模型嵌入到控制回路中，从而实现对周期信号的扰动消除。重复控制具有稳态精度高、跟踪能力强、谐波抑制能力好等优点，然而由于内模中固有的延时环节，重复控制的动态响应慢，通常需要结合动态响应快的反馈控制器组成复合控制器来使用。采用复合控制器系统的稳态精度取决于基于内模原理的重复控制器，用于消除反馈控制器无法消除的残留误差；而反馈控制器主要决定系统的动态响应速度。电压源逆变器通过合适的控制器产生需要的 PWM 信号，用于驱动逆变桥的开关动作，使输入的直流电压转换为交流输出电压。重复控制器因对周期性干扰信号具有良好的参考跟踪能力和谐波抑制能力等优点，被广泛应用在独立或并网逆变器中。

本专著系统地阐述了重复控制理论及逆变器控制技术，共计 10 章。第 1 章首先给出分布式能源系统的现状与发展、单相逆变器建模和逆变器控制方法。第 2 章分析重复控制基本原理与设计方法、内模的改进和被控对象的补偿，并给出重复控制的稳定性分析、抗谐波干扰性能分析和误差收敛分析。为提高重复控制器动态性能，第 3 章总结基于重复控制的复合控制策略，提出比例积分多谐振型复合重复控制器，并给出系统稳定性分析和参数设计方法。低采样频率下，重复控制因相位补偿不精确导致性能大大降低，为此，在第 4 章采用基于 FIR 滤波器的分数相位超前补偿重复控制，第 5 章给出基于最优切换策略的相位超前补偿重复控制。由于 RC 的内模中存在固有的延时环节，需要存储上一周期的误差等信号，为了减少存储空间的占用，第 6 章设计循环采样重复控制。为了解决电网频率波动时控制器性能下降的问题，在分数延时实现的基础上，第 7 章采用 FIR 滤波器来应对电网频率变化，第 8 章给出采用锁相环相位加权应对电网频率变化的重复控制，第 9 章设计内模滤波器应对电网频率变化。由于被控对象的特性会受到参数摄动、结构建模等不确定因素的影响，可能导致系统的不稳定，第 10 章给出面向 LCL 参数变化的重复控制稳定性分析与设计。

　　本专著是基于我们研究团队的研究成果整理而成的，其中赵强松博士、竺明哲博士、武玉衡硕士、董昊硕士等对本专著内容做出了重要贡献，陈赛男博士生对本专著成稿做出了重要贡献。

　　感谢浙江大学的张仲超教授，让我在求是园里接触到了电力电子技术。感谢我的博士生导师，南洋理工大学的王郸维教授，他不仅营造了宽松的科研环境，还提供了优越的实验条件，让我能够使用先进的 dSPACE DS1102 快速控制原型系统。本专著中分数阶超前和滞后、切换补偿和循环采样等想法产生于南洋理工大学求学期间，但当时因为博士毕业在即没有时间实施，直至我自己做了研究生导师才有时间指导我的研究生来完成。感谢我的博士师兄，现武汉理工大学教授周克亮博士，带我进入逆变器控制领域。感谢我的博士师弟，现美国南卡罗来纳大学副教授张斌博士，在我们搭建第一个实验装置时提供的协助。还要特别感谢张浩硕士为搭建基于 QuaRC 的逆变器实验平台所做出的开创性贡献，以及董昊硕士在基于 DSP 的逆变器实验平台上所做出的重要贡献。另外，庄超硕士、竺明哲博士、熊永康博士、武玉衡硕士、何顺华硕士、曹永锋硕士、余亦可硕士、凌路硕士、李小龙硕士等实验室研究生群体在实验平台的维护和改进以及实验工作上亦付出良多。

　　本专著的研究工作得到了中原工学院学术专著出版基金、国家自然科学基金面上项目"重复控制和比例多谐振控制关系分析，控制器设计及逆变器应用"(批准号为 61473145)、2016 年江苏省高校"青蓝工程"中青年学术带头人项目的资助，在此表示衷心的感谢！

　　由于作者水平有限，专著中难免存在疏漏或不妥之处，恳请广大读者批评指正。邮件请发送至电子邮箱：yongqiang_leaf@hotmail.com。

叶永强

2022 年 3 月

目　　录

符 号 表

C	滤波电容
$D(z)$	扰动信号
E_{dc}	直流母线电压
$E(z)$	误差信号
f_s	采样频率
f_0	基波频率
f_r	谐振频率
f_{sw}	开关频率
i_1	逆变侧电流
i_C	电容电流
i_g	电网电流
i_{ref}	参考电流
k_{pwm}	等效比例环节
k_r	重复控制增益
L_1	逆变侧电感
L_2	电网侧电感
L_g	电网电感
m	超前拍数
N	一个交流电周期的采样次数
$P(z)$	被控对象
$Q(z)$	内模滤波器
r_1	L_1 等效电阻
r_2	L_2 等效电阻
$S(z)$	补偿器
T	采样周期
$U_{rc}(z)$	RC 输出信号
u_g	电网电压
z^m	相位超前补偿

第1章 绪　　论

1.1　分布式能源系统的现状与发展

在能源短缺和环境污染的双重压力下，电力系统正从依赖化石能源的传统电力系统向高比例可再生能源和高比例电力电子设备的新一代"双高"电力系统转变[1,2]。基于太阳能、风能和生物质能等可再生能源的分布式发电系统对环境污染小，近年来受到越来越多的国家和地区重视[3-5]。分布式发电系统作为可再生能源的主要载体，典型结构示意图如图 1.1 所示。

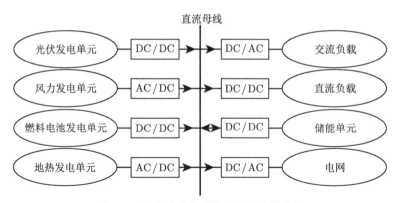

图 1.1　分布式发电系统典型结构示意图

分布式能源系统的特点是：

(1) 实现能源综合利用，能源利用率高，具有良好的节能效应；

(2) 弥补大电网安全稳定性方面的不足；

(3) 装置容量小、占地面积小、初始投资少，降低了远距离输送损失和相应的输配新系统投资，可以满足特殊场合的要求；

(4) 环境友好，燃料多元化，为可再生能源利用开辟了新方向。

相对于传统的集中式发电，分布式发电既可独立运行离网为用户供电，也可并网运行为电网送电，是一种高效、可靠、经济的发电方式[6,7]。电力电子变换器是分布式发电系统中的核心部件之一。

1.2 单相逆变器建模

逆变器是将直流电转换为交流电的电力电子变换器，被广泛应用于各种工业设备中，其性能对设备的安全、稳定和高质量运行具有重要影响[8]。根据输出侧是否接入电网，逆变器可分为独立逆变器和并网逆变器。独立逆变器为离网系统独立供电，而并网逆变器将能量直接输送至电网。逆变器一般采用脉宽调制 (pulse-width modulation，PWM) 策略[9]，其输出电压中存在大量开关频率附近的谐波。这种高频率谐波需要引入合适的输出滤波器滤除[10,11]，通常 LC 滤波器用于独立逆变器中，LCL 滤波器用于并网逆变器中。

1.2.1 单相全桥独立逆变器模型

图 1.2 是包含线性负载和非线性整流负载的恒压恒频 (constant voltage and constant frequency，CVCF) 单相 PWM 逆变器模型[12,13]。其中 E_{dc} 是直流母线电压，u_{inv} 是 PWM 逆变器的输出电压，u_m 是控制器输出调制波电压。$Q_1 \sim Q_4$ 是绝缘栅双极型晶体管 (insulated gate bipolar transistor，IGBT) 开关管，当 Q_1 和 Q_4 开通，Q_2 和 Q_3 关断时，$u_{inv}=E_{dc}$；当 Q_2 和 Q_3 开通，Q_1 和 Q_4 关断时，$u_{inv}=-E_{dc}$。L 是滤波电感，r 是电感器 L 的等效串联电阻，C 是滤波电容。LC 低通滤波器主要滤除开关管的开通和关断时引入的高频谐波。R 是线性电阻负载，整流桥和 L_r、C_r 和 R_r 组成整流负载，u_{ref} 是参考电压，u_0 是输出电压。

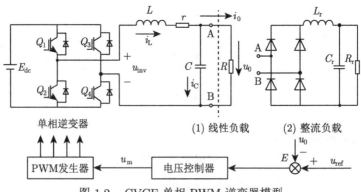

图 1.2　CVCF 单相 PWM 逆变器模型

根据基尔霍夫定律，可得如下方程：

$$\begin{cases} i_L = C \cdot \dot{u}_C + i_0 \\ u_0 = i_0 \cdot R \\ u_{inv} = L\dot{i}_L + r i_L + u_0 \end{cases} \tag{1.1}$$

其状态空间表达式为

$$\begin{bmatrix} \dot{i}_{\mathrm{L}} \\ \dot{u}_{\mathrm{C}} \end{bmatrix} = \begin{bmatrix} -r/L & -1/L \\ 1/C & 0 \end{bmatrix} \begin{bmatrix} i_{\mathrm{L}} \\ u_0 \end{bmatrix} + \begin{bmatrix} 1/L & 0 \\ 0 & -1/C \end{bmatrix} \begin{bmatrix} u_{\mathrm{inv}} \\ i_0 \end{bmatrix} \tag{1.2}$$

根据式 (1.1)、式 (1.2) 和图 1.2,得到单相独立逆变器的结构框图如图 1.3 所示。其中,$G_{\mathrm{u}}(s)$ 为电压控制器。$k_{\mathrm{pwm}}=E_{\mathrm{dc}}/u_{\mathrm{tri}}$ 为控制器输出调制波 u_{m} 到逆变器输出电压 u_{inv} 的等效比例环节,这里 u_{tri} 为三角载波的幅值。对该比例环节做归一化处理,即取 $u_{\mathrm{tri}}=1$,同时将 u_{m} 的幅值除以 E_{dc},可以得到 $k_{\mathrm{pwm}}=1$。

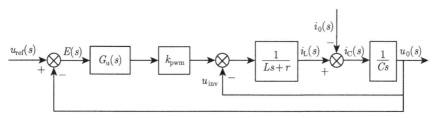

图 1.3 单相独立逆变器的结构框图

u_0 和 u_{inv} 之间的传递函数可以表示为

$$G_{\mathrm{LC}}(s) = \frac{u_0(s)}{u_{\mathrm{inv}}(s)} = \frac{R}{LCRs^2 + (L + RCr)s + R + r} \tag{1.3}$$

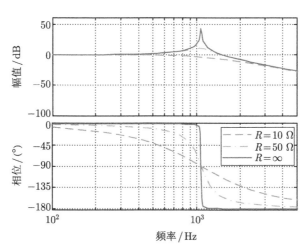

图 1.4 不同负载下独立逆变器 $G_{\mathrm{LC}}(s)$ 的频率响应

图 1.4 显示了在不同负载情况下逆变器系统的频率响应。从图中可以看出系统在谐振频率处有一个谐振峰,因此需要采用合适的方法来抑制谐振峰以保证系

统的稳定。在无负载 $(R = \infty)$ 的条件下，系统具有最差的稳定性能。为了保证不同负载下系统的稳定性，独立逆变器的设计均在无负载条件下进行。对应的传递函数为

$$G_{\mathrm{LC}}(s) = \frac{1}{LCs^2 + Crs + 1} \tag{1.4}$$

1.2.2 单相全桥并网逆变器模型

图 1.5 是 LCL 型单相并网逆变器模型，主要包括 LCL 滤波器、锁相环 (phase locked loop，PLL)、电流控制器和脉宽调制控制的逆变器四部分[14-16]。

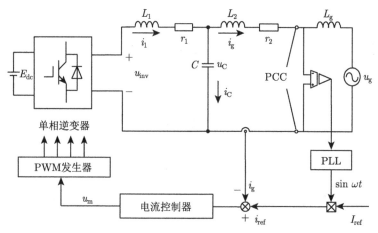

图 1.5   LCL 型单相并网逆变器模型

LCL 滤波器中 L_1 和 L_2 分别为逆变器侧和电网侧电感，C 为滤波电容，r_1 和 r_2 分别为两个电感的等效电阻。L_{g} 为电网电感，u_{g} 为电网电压。PCC(point of common coupling) 为电网公共耦合点，锁相环 PLL 采集电网电压的相位和参考电流的幅值 I_{ref} 构成参考电流 i_{ref}。u_{inv} 为逆变器输出电压，其中含有大量开关频率附近的谐波，经 LCL 滤波器衰减后才能减轻对电网的污染。根据基尔霍夫定律可得

$$\begin{cases} u_{\mathrm{inv}} - u_{\mathrm{C}} = L_1 \dot{i}_1 + r_1 i_1 \\[2mm] i_1 - i_{\mathrm{g}} = C \dot{u}_{\mathrm{C}} \\[2mm] u_{\mathrm{C}} - u_{\mathrm{g}} = L_2 \dot{i}_{\mathrm{g}} + r_2 i_{\mathrm{g}} \end{cases} \tag{1.5}$$

由此得出状态空间模型

$$\begin{bmatrix} \dot{i}_1 \\ \dot{u}_C \\ \dot{i}_g \end{bmatrix} = \begin{bmatrix} -\dfrac{r_1}{L_1} & -\dfrac{1}{L_1} & 0 \\ \dfrac{1}{C} & 0 & -\dfrac{1}{C} \\ 0 & \dfrac{1}{L_2} & -\dfrac{r_2}{L_2} \end{bmatrix} \begin{bmatrix} i_1 \\ u_C \\ i_g \end{bmatrix} + \begin{bmatrix} \dfrac{1}{L_1} & 0 \\ 0 & 0 \\ 0 & -\dfrac{1}{L_2} \end{bmatrix} \begin{bmatrix} u_{\text{inv}} \\ u_g \end{bmatrix} \quad (1.6)$$

根据式 (1.5)、式 (1.6) 和图 1.5 可以得到并网逆变器的控制框图如图 1.6 所示。从逆变器输出电压 u_{inv} 到电网电流 i_g 的传递函数为

$$G_{\text{LCL}}(s) = \frac{1}{L_1 L_2 C s^3 + (L_1 r_2 + L_2 r_1) C s^2 + (L_1 + L_2) s + (r_1 + r_2)} \quad (1.7)$$

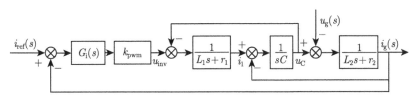

图 1.6　LCL 型单相并网逆变器的结构框图

在滤波器中，r_1 和 r_2 的值很小，为了方便分析和计算，可以省略。因此式 (1.7) 通常表示为

$$G_{\text{LCL}}(s) = \frac{1}{L_1 L_2 C s^3 + (L_1 + L_2) s} \quad (1.8)$$

滤波器的谐振频率为

$$f_r = \frac{1}{2\pi} \sqrt{\frac{L_1 + L_2}{L_1 L_2 C}} \quad (1.9)$$

如图 1.7 所示，与 L 滤波器相比，LCL 滤波器中含有为高频谐波电流提供旁路通路的滤波电容，因而在实现相同滤波效果的情况下，LCL 滤波器中两个电感的电感量之和小于 L 滤波器中单个电感量，体积更小，成本更低[17,18]。然而，LCL 滤波器为三阶模型，引入了一对谐振极点，其幅频特性在谐振频率处存在谐振峰，同时相频特性曲线存在 −180° 相位跳变，可能造成系统不稳定。因此需要采用合适的谐振峰抑制方法，避免并网逆变器输出电流剧烈波动，以保证系统的稳定性。

逆变器谐振峰的阻尼方法通常有无源阻尼策略[19] 和有源阻尼策略[20-22]。无源阻尼 (passive damping，PD) 策略通过在滤波电感或电容上串联或并联电阻来

增加系统阻尼，衰减谐振峰，从而使得系统稳定。这种方法稳定可靠，其中电容串联电阻在工业中被广泛应用。然而，阻尼电阻所带来的损耗会降低系统效率。有源阻尼 (active damping, AD) 策略不存在阻尼损耗问题，核心思想是通过引入零点或共轭零点消除谐振极点，或将 LCL 滤波器极点吸引至稳定区域内，并且使系统保留一定的稳定裕度[20]。AD 策略一般分为两类：一类是基于状态变量反馈的有源阻尼法[21-24]，另一类是基于陷波器的有源阻尼法[25-27]。

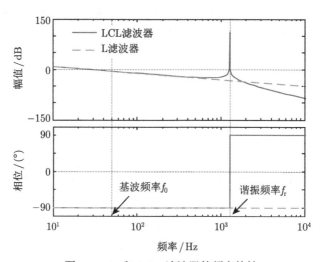

图 1.7 L 和 LCL 滤波器的频率特性

1.3 逆变器控制方法

高性能的逆变器具有电能质量高、效率高、动态响应好等优点，其中谐波含量是衡量其电力质量的主要标准。通常情况下，周期波形是基波和谐波的叠加。基波是有效信号，谐波是扰动信号。谐波污染的来源有很多[28]，如非线性负载产生的谐波[29]、电网背景谐波[30] 等。谐波污染会使得输出波形畸变，从而降低整个逆变系统的性能。目前，衡量谐波污染的标准有很多，应用最多的是总谐波畸变率 (total harmonic distortion, THD)。THD 指不大于某特定 H 次的所有谐波分量有效值 G_n 与基波分量有效值 G_1 比值的方和根，

$$\text{THD} = \sqrt{\sum_{n=2}^{H} \left(\frac{G_n}{G_1} \right)^2} \tag{1.10}$$

入网电流的谐波对电力系统的运行和电力设备的工作会产生严重影响，对此，IEEE Std. 1547—2018[31] 和 Q/GDW 1480—2015[32] 均对入网电流的各次谐波

含量给出了明确的要求,规定符合标准的总谐波畸变率 THD 小于 5%。

谐波污染可通过优化控制策略来消除,基于内模原理控制策略的本质是将输入参考信号的数学模型置于稳定的闭环系统中,当输入信号为零时控制器继续输出适当的控制信号,从而保证系统输出信号能够无误差跟踪输入参考信号[33]。常用的内模原理控制器有比例积分 (proportional integral,PI) 控制、比例谐振 (proportional resonant,PR) 控制和重复控制 (repetitive control,RC) 等。

1. PI 控制

PI 控制[34,35] 是基于阶跃信号构建内模的控制器,结构简单,具备较为完整的控制参数设计和调试方法。通过坐标变换,PI 控制能够在与基波频率同步旋转的 dq 坐标系 (两路直流信号) 下对逆变器的交流侧三相对称的正弦基波信号实现静态无差调节,但 PI 控制方式无法有效抑制谐波畸变,且对于单相或三相不对称等逆变器,PI 控制难以借助坐标变换实现对正弦信号的静态无差调节[36],限制了其在单相逆变器上的应用。PI 控制器的传递函数为

$$G_{\mathrm{PI}}(s) = k_{\mathrm{p}} + \frac{k_{\mathrm{i}}}{s} \tag{1.11}$$

其中,k_{p} 为比例系数;k_{i} 为积分系数。

2. PR 控制

PR 控制[37] 是将某一频率正弦信号的内模,即谐振环节 R 插入控制回路,从而实现逆变器对该频率正弦交流信号的静态无差调节。其控制延时小,响应速度较快,可以根据谐波成分的不同,灵活选择谐振控制器系数,更好地兼顾系统的稳态精度和动态响应。PR 控制器的传递函数为

$$G_{\mathrm{PR}}(s) = k_{\mathrm{p}} + \frac{k_{\mathrm{r'}}s}{s^2 + \omega_0^2} \tag{1.12}$$

其中,$k_{\mathrm{r'}}$ 为谐振项增益系数;ω_0 为谐振角频率。

由于谐振项的增益表现为谐振峰增益很大,但是带宽很窄,对电网频率变化敏感,因此在实际中往往使用比例准谐振控制器[38,39]

$$G_{\mathrm{PQR}}(s) = k_{\mathrm{p}} + \frac{2k_{\mathrm{r'}}\omega_{\mathrm{c}}s}{s^2 + 2\omega_{\mathrm{c}}s + \omega_0^2} \tag{1.13}$$

其中,ω_{c} 为截止角频率。

PR 控制中仅包含单个正弦内模,抑制并网逆变器中其他频率的谐波干扰需要设计额外的正弦内模,因此,PR 控制往往设计为包含多个正弦内模的比例多

谐振 (proportional multi-resonant，PMR) 控制器[40,41]

$$G_{\text{PMR}}(s) = k_{\text{p}} + \frac{k_{\text{r}1'}s}{s^2 + \omega_0^2} + \sum_{k=2}^{\infty} \frac{k_{\text{r}n'}s}{s^2 + (k\omega_0)^2} \tag{1.14}$$

其中，$k_{\text{r}n'}$ 为 n 次谐振项在 n 次谐波处的增益；$k\omega_0$ 为需要进行谐波抑制的谐波角频率，k 一般选择 3、5、7 等低频次谐波进行抑制。然而，随着正弦内模数量的增加，比例多谐振控制器的设计复杂度增加。

3. RC 控制

基于内模原理的重复控制[42-44]通过构造某一信号及其倍频信号的内模并将之嵌入到控制回路，从而实现对该周期性信号 (其中包含正弦基波及其各次谐波)的静态无差跟踪控制或扰动消除。自从 Haneyoshi 等[45]首次将重复控制应用到逆变器控制中，由于其稳态精度高，尤其是对死区、非线性整流负载引起的输出波形周期畸变或电网谐波等周期性扰动有很好的抑制作用，重复控制已被广泛应用到光伏发电[46]、不间断电源[47]、动态电压调节器[48]、有源滤波器[49,50]等逆变器应用场合。

要实现对逆变器的精确控制，控制器不仅要具备静态无差调节能力，还需做到动态响应快、鲁棒性好，否则难以满足实际系统的要求。由于 RC 受信号内模中延时环节的限制，相对于瞬时反馈控制而言，其稳态精度高但动态响应较慢。因此重复控制器通常作为"精细"的重复控制器与动态响应快但稳态精度较低的"粗略"反馈控制器共同构成控制性能互补的复合控制器。复合控制策略中，整体控制性能取决于复合控制器：系统的稳态精度主要取决于基于内模原理的重复控制器，用于消除反馈控制无法消除的残留误差；而反馈控制器将主要决定系统对大的负载扰动以及参数变化等的动态响应速度。例如 RC 控制与 PI 控制结合是典型的组合，RC 控制可以改善系统的稳态性能，PI 控制保证系统的动态性能。

1.4 本章小结

本章首先介绍了可再生能源的发展趋势和分布式发电系统的特点，指出逆变器作为可再生能源与电网或负载之间的接口对电能的质量具有重要意义。接着，针对逆变器采用 PWM 脉宽调制法产生的高频谐波，采用合适的 LC/LCL 滤波器滤除，并给出单相独立逆变器和并网逆变器系统的建模。最后，针对非线性负载以及电网背景谐波产生的低频谐波，给出基于内模原理的 PI、PR 和 RC 控制方法进行抑制。后续章节将重点介绍 RC 控制方法在单相逆变器中的应用。

第 2 章　重复控制基本理论

从本章开始,将对重复控制进行详细介绍和研究。重复控制的核心是内模原理,内模相当于一个具有记忆功能的信号发生器。由于理想的重复控制仅由内模构成,而理想内模并不利于系统的稳定,所以一般使用改进后的重复控制。改进部分包括内模的改进和控制对象的补偿环节。无论改进后内模中的 $Q(z)$ 选为常数还是低通滤波器,都会破坏其零静差的特性。补偿环节主要包括低通滤波器和相位超前环节。接着对改进后的重复控制各模块进行分析,同时给出改进后重复控制的稳定性分析、谐波抑制分析、误差收敛分析等性能研究。最后根据各环节对系统性能的影响,给出重复控制的三个参数——补偿器 $S(z)$、增益 k_{r} 和内模滤波器 $Q(z)$ 的设计步骤。

2.1　重复控制的基本思想

重复控制[51-55]是一种基于内模原理的控制方法,本质上属于变增益控制。内模原理的基本思想是把被控对象的数学模型写入控制器内部,那么当误差信号经过控制器时就能够在对应的频段达到无穷大的增益,从而使得实际误差得到有效的控制并提高系统的稳态精度[56]。例如,对于直流信号,要实现无静差控制,则控制系统中必须包含直流信号的内模 $1/s$。

当系统的参考信号是周期性信号时,重复控制器把上一个周期系统的实际输出与参考信号之间的误差通过叠加的方式直接加在控制器输出上。实质是根据上一个周期同时段的误差信号来补偿现在的系统输出的不足。理想情况下,如果系统的逆是可以得到的,那么理论上可以计算出完全跟踪被控信号所需要的控制器输出。通过参考信号与实际信号相减得到系统误差,利用系统误差与系统的逆相乘,相乘的结果就是理论上控制器输出的补偿值,只要用现在的控制器输出加上补偿值就可以得到能够完美跟踪被控信号的控制器输出值。

虽然实际系统的逆是很难实现的,但是这并不影响重复控制的应用。假设本周期同一时刻系统的特性与上一周期完全相同,且系统的上一周期这一时刻的实际输出大于参考信号,如果本周期还给同样的控制器输出,那么本周期同一时刻的实际输出必然大于参考信号输出。但是加入了重复控制后,由于上一周期这一时刻的实际输出是大于参考信号的，那么误差为负，当这个误差以一定比例加在这一周期同一时刻控制器输出上时，控制器的输出就会相应地减小，那么这一周期同一时刻的系统误差就有可能减小。如果这个比例选取得合适，系统误差可以不断减小，这就是重复控制作用的过程。

在逆变器控制中，输入的参考信号为某一频率的正弦信号，正弦信号对应的数学模型为

$$G(s) = \frac{s}{s^2 + \omega^2} \tag{2.1}$$

根据内模原理，只需要在控制器中加入正弦信号的模型就可以实现无静差的跟踪，但是实际上逆变器中存在大量的谐波，也就是基频的整数倍正弦信号，使得系统的稳态误差很大。那么为了实现无静差跟踪参考，就必须在控制器中加入各个谐波的模型

$$G(s) = \sum_{i=1}^{\infty} k_i \frac{s}{s^2 + \omega_i^2} \tag{2.2}$$

如果将这些模型全部加入控制器内部，就会使控制器变得很复杂并且很难设计控制参数，而重复控制却可以通过一个控制器包含基频与倍频的全部信号模型。

重复控制最初的建立，是将上一周期的误差信号以一定比例 k_r 作用于这个周期的同一时刻的控制器输出。假设 $j+1$ 表示当前周期，j 表示上一周期，U_{rc} 表示系统的控制器输出，E 表示系统的误差，则

$$U_{rcj+1}(k) = U_{rcj}(k) + k_r E_j(k) \tag{2.3}$$

一个采样周期的延时在 s 域中可以表示为 e^{-sNT_s}，T_s 是采样周期，若 N 为一个周期的拍数，那么式 (2.3) 可以写成

$$U_{rcj+1}(k) = U_{rcj+1}(k)\mathrm{e}^{-sNT_s} + k_r E_{j+1}(k)\mathrm{e}^{-sNT_s} \tag{2.4}$$

不考虑比例系数 k_r，进一步化简得重复控制连续域的表达式

$$\frac{U_{rcj+1}(k)}{E_{j+1}(k)} = \frac{\mathrm{e}^{-sNT_s}}{1 - \mathrm{e}^{-sNT_s}} \tag{2.5}$$

当 $T_0 = NT_s$ 时，其中 T_0 是基波周期，对应的重复控制器传递函数为

$$G(s) = \frac{\mathrm{e}^{-sT_0}}{1 - \mathrm{e}^{-sT_0}} \tag{2.6}$$

根据自然指数 e 的特性[57]，式 (2.6) 可以分解为

$$G(s) = -\frac{1}{2} + \frac{1}{T_0 s} + \frac{2}{T_0} \sum_{k=1}^{\infty} \frac{s}{s^2 + (k\omega_0)^2} \tag{2.7}$$

其中，$\omega_0 = 2\pi/T_0$。从式 (2.7) 中可以看出，重复控制由无穷多项谐振构成，其最小谐振角频率为 ω_0，所有谐振项均分布在 ω_0 的整数倍频率处，谐振项在其对应频率处具有无穷大的增益。因此，重复控制能够使控制系统在谐振频率 $k\omega_0$ 处的开环增益达到无穷大，理论上跟踪误差为零。

连续域的重复控制器内模如图 2.1(a) 所示，$E(s)$ 为输入误差，$U_{\mathrm{rc}}(s)$ 为重复控制器的输出，其内模由一个延时环节 e^{-sT_0} 构成，延时环节输出的正反馈，与 $E(s)$ 叠加后再进入延时环节。从物理意义上分析，周期为 T_0 的信号通过该内模后，都会在该正反馈环路中叠加放大。

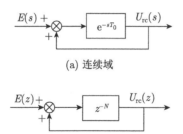

(a) 连续域

(b) 离散域

图 2.1　重复控制的内模

由于 e^{-sT_0} 在实际系统中无法实现，重复控制在使用中多采取离散化的形式，离散化后的重复控制内模如图 2.1(b) 所示[58,59]，传递函数为

$$G(z) = \frac{z^{-N}}{1 - z^{-N}} \tag{2.8}$$

其中，$N = f_{\mathrm{s}}/f_0$(或 $N = T_0/T_{\mathrm{s}}$，其中 $f_{\mathrm{s}} = 1/T_{\mathrm{s}}$，$f_0 = 1/T_0$)，$f_{\mathrm{s}}$ 是采样频率，f_0 是基波频率。

内模是重复控制的基础和核心部分，能够存储重复控制过去 N 拍的输出 $U_{\mathrm{rc}}(z)$ 和误差 $E(z)$ 之和，并利用这两种信号对当前的重复控制输出 $U_{\mathrm{rc}}(z)$ 进行修正。图 2.2显示了内模的累积功能，其中图 2.2(a) 为内模的输入信号，图 2.2(b) 为内模的输出信号。只要误差存在，内模就会对误差不停地累积，直到系统的误差调节为 $0^{[60]}$。

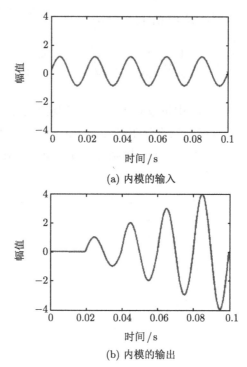

(a) 内模的输入

(b) 内模的输出

图 2.2　重复控制内模输出对输入的累积作用

2.2　重复控制器的结构及功能

重复控制系统的结构框图如图 2.3 所示[61]。其中 $Y^*(z)$ 为参考输入信号，$P(z)$ 为被控对象，$D(z)$ 为扰动信号，$Y(z)$ 为系统输出信号。误差 $E(z)$ 可以表示为

$$E(z) = \frac{1 - z^{-N}}{1 - z^{-N}[1 - P(z)]} \left[Y^*(z) - D(z) \right] \tag{2.9}$$

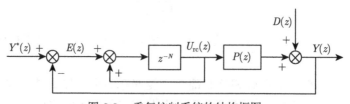

图 2.3　重复控制系统的结构框图

由式 (2.9) 可得，系统的特征方程为 $1 - z^{-N}[1 - P(z)]=0$。如果系统稳定，那么特征方程的根都必须在单位圆内部[62]。根据小增益定理[63]，系统稳定的充分

条件为

$$|1 - P(z)| < 1, \ z = \mathrm{e}^{\mathrm{j}\omega T_\mathrm{s}}; \quad \forall 0 < \omega < \pi/T_\mathrm{s} \tag{2.10}$$

将 $z = \mathrm{e}^{\mathrm{j}\omega T_\mathrm{s}}$ 代入 $P(z)$，得到式 (2.10) 的频域表达式

$$\left|1 - P\left(\mathrm{e}^{\mathrm{j}\omega T_\mathrm{s}}\right)\right| < 1 \tag{2.11}$$

定义 $H_0\left(\mathrm{e}^{\mathrm{j}\omega T_\mathrm{s}}\right) = 1 - P\left(\mathrm{e}^{\mathrm{j}\omega T_\mathrm{s}}\right)$，公式 (2.11) 的矢量图如图 2.4 所示。实际应用中，$\left|1 - P\left(\mathrm{e}^{\mathrm{j}\omega T_\mathrm{s}}\right)\right| < 1$ 未必在整个频率段都能够得到满足。比如被控对象的奈奎斯特曲线见图 2.5，图中曲线上的箭头表示随频率 ω 的增大，奈氏曲线的走向。根据图中信息，系统奈奎斯特曲线在中高频区域位于单位圆外，这会引起系统的不稳定。

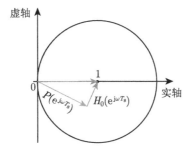

图 2.4 误差特征方程的矢量描述

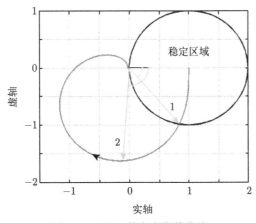

图 2.5 $P(z)$ 的奈奎斯特曲线

如果能够对重复控制策略进行改进，使得改进后控制系统的奈奎斯特曲线都包含在单位圆内，那么就可以维持系统的稳定。观察图 2.5，当 $P(z)$ 由位置 1 到位置 2 时，其对应的相角增大，幅值也增大。根据系统特征方程 (2.11) 及图 2.4 对

误差特征方程的矢量描述，可知 $H_0\left(\mathrm{e}^{\mathrm{j}\omega T_\mathrm{s}}\right)$ 是决定误差收敛的核心。原则上来说，由于 $H_0\left(\mathrm{e}^{\mathrm{j}\omega T_\mathrm{s}}\right)=1-P\left(\mathrm{e}^{\mathrm{j}\omega T_\mathrm{s}}\right)$，所以 $P(z)$ 的幅值和相角都是越小越好。但是由于控制对象 $P(z)$ 的形式较多，其奈氏曲线一般会在频率大于某角频率后超出单位圆。因此，保证系统在整个频段内都满足稳定条件，需要对重复控制器进行改进[64-68]。一般从两方面进行：内模的改进和被控对象的补偿。下面将给出两种改进方式的具体分析。

2.2.1　内模的改进

重复控制内模结构框图如图 2.1 所示，在内模中引入 $Q(z)$，改进后的重复控制系统的结构如图 2.6 所示。

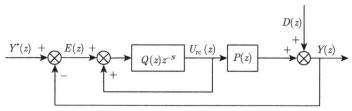

图 2.6　内模改进后的重复控制系统结构框图

误差 $E(z)$ 的表达式为

$$E(z)=\frac{1-z^{-N}Q(z)}{1-z^{-N}Q(z)[1-P(z)]}\left[Y^*(z)-D(z)\right] \tag{2.12}$$

系统的稳定条件为[63]

$$|Q(z)[1-P(z)]|<1 \tag{2.13}$$

当 $Q(z)[1-P(z)]$ 在单位圆内时，系统稳定。对于 $Q(z)$ 有以下两种选择。

1. $Q(z)$ 为小于 1 的常数

公式 (2.13) 可以整理为

$$|1-P(z)|<1/Q \tag{2.14}$$

当 $Q=1$ 时，重复控制器为理想内模，奈奎斯特频率以内的矢量 $1-P(z)$ 在以 $(1,0)$ 为圆心的特征单位圆内，系统稳定；而当 Q 为小于 1 的常数时，相当于特征圆的半径扩大了，公式 (2.14) 更容易满足。因此，减小 Q 的取值，可以使特征圆变大，从而更多的奈氏曲线被包含在特征圆内。

图 2.7(a) 和 (b) 分别是改进后内模的输入信号 $Y^*(z)$ 和输出信号 $Y(z)$。其中被控对象 $P(z)=1$，$Y^*(z)$ 的幅值为 1，$Q=0.95$，信号的基波频率是 50Hz。直观上来看，内模的输入 $E(z)$ 经过 Q 后被缩小了。相应地，内模的输出 $U_{\mathrm{rc}}(z)$ 也缩小了，并不利于误差的修正。因此，减小 Q 的取值，破坏了理想内模的零静差特性，增大了系统的稳态误差。

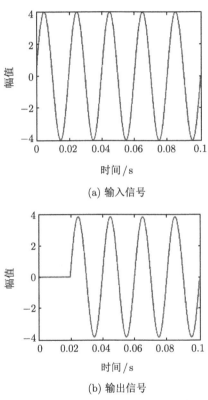

(a) 输入信号

(b) 输出信号

图 2.7　内模改进后的输入输出

2. $Q(z)$ 为零相位低通滤波器

$Q(z)$ 为零相位低通滤波器时，系统的高频部分被滤波。$Q(z)$ 表达式如下：

$$Q(z) = \sum_{i=0}^{r} \alpha_i z^i + \sum_{i=1}^{r} \alpha_i z^{-i} = \alpha_0 + \sum_{i=1}^{r} \alpha_i (z^i + z^{-i}) \tag{2.15}$$

其中，$\alpha_0 + 2\sum_{i=1}^{r} \alpha_i = 1$，$r$ 和 α_i 分别是滤波器的阶数和系数。对应到图 2.5，即表示 $P(z)$ 在单位圆外的部分可以被衰减，所以系统误差是可以收敛的。这种方法有两个缺点：

(1) 参考信号中含有不在系统稳定范围内的频率分量。

引入低通滤波器，会将 $P(z)$ 位于单位圆外的相应频率特性极大衰减，那么系统的输出就不能够精确跟踪参考信号，从而产生误差。

(2) 参考信号的所有频率分量都在系统的稳定范围内。

不存在扰动 $D(z)$ 时，系统的输出能够精确跟踪参考信号。但是当 $D(z)$ 作用于系统时，$D(z)$ 产生的误差的中高频分量被 $Q(z)$ 滤掉，那么重复控制也无法正确地修正系统的输入信号。图 2.8(a) 给出了相应的图解，由于 $D(z)$ 的存在，输出 $Y(z)$ 的中高频分量较多，$Y^*(z)$ 中不含这些中高频的分量，而重复控制的输入正是参考信号和系统输出的差值 $E(z)=Y^*(z)-Y(z)$，高频分量也较多，但是 $E(z)$ 中的大部分高频分量在经过带 $Q(z)$ 的重复控制器处理后被滤除，所以重复控制的输出 $U_{\mathrm{rc}}(z)$ 不含有效的修正信息。$P(z)$ 的输入是重复控制的输出 $U_{\mathrm{rc}}(z)$，所以 $P(z)$ 输出不含任何中高频分量的 $Y'(z)$，但是真正系统的输出并不只有 $P(z)$ 的输出 $Y'(z)$，还有干扰 $D(z)$ 的作用，所以最终系统并没有消除扰动的影响，仍然输出含有干扰的 $Y(z)$。

所以，$Q(z)$ 为零相位低通滤波器时，也会引入稳态误差。理想的重复控制如图 2.8(b) 所示。当系统内引入干扰 $D(z)$ 后，重复控制器就记住了这一扰动，并作用在 $U_{\mathrm{rc}}(z)$ 上，这样 $U_{\mathrm{rc}}(z)$ 就含有扰动的修正信息。同样地，$Y'(z)$ 也含有修正信息。最终输出 $Y(z)$ 就趋近于参考信号 $Y^*(z)$。这样看来，重复控制系统的截止频率越高，对参考信号的跟踪精度越高，对扰动的修正作用也越好。

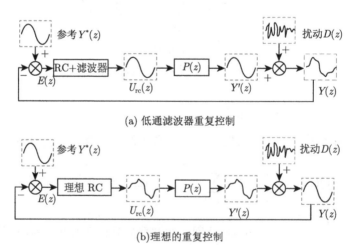

(a) 低通滤波器重复控制

(b)理想的重复控制

图 2.8　重复控制系统的信号流程图

$Q(z)$ 为不同形式的伯德图如图 2.9 所示。由图 2.9 可知，在低频段零相位低通滤波器的幅值为 1，高频段迅速衰减，而 Q 取常数时幅值一直为 0.95；二者的相位都为 0°。显然，$Q(z)$ 为零相位低通滤波器时，内模很好地保留了输入信号的低频特征信息，能够对低频信号进行无差跟踪，但是输入信号的高频成分被衰减，破坏了理想内模的无差特性。而 $Q(z)$ 为 0.95 的常数时，内模将输入信号在每个周期按 0.95 倍衰减后累加，仍然破坏了理想内模的无差特性，因此，只要 $Q(z)$ 不为 1，系统输出就存在稳态误差。从系统的稳定性角度分析，$Q(z)$ 的两种形式都提高了系统的稳定性，但对系统稳定性影响最大的是高频信号，因此，$Q(z)$ 为低通滤波器时，系统的稳定性会好于 Q 为常数时。实际应用中，要根据被控对象的特性具体考虑。

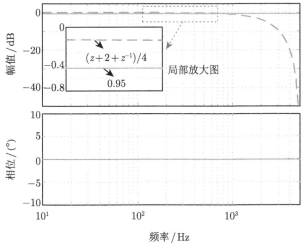

图 2.9　$Q(z)$ 为 0.95 和低通滤波器时的伯德图

2.2.2　被控对象的补偿

由图 2.4可知，$P(z)$ 到实轴的相位不能太大，否则 $H_0(z)$ 极易超出单位圆。最极端的情况是 $P(z)$ 的相角为 $\pm 90°$，此时 $P(z)$ 的幅值只要不为 0，那么系统就可能是不稳定的。而一般情况下，控制对象 $P(z)$ 在相角为 $\pm 90°$ 时的幅值往往不是 0，所以对应的 $H_0(z)$ 就超出单位圆范围，误差就不会收敛。可见系统的稳定条件对控制对象 $P(z)$ 的依赖性较强，如果被控对象的参数发生变化或 $P(z)$ 的建模不准确，那么就不能够正确选择控制器中的参数，进而导致误差的发散，系统不稳定。为此需要在 $P(z)$ 之前引入补偿环节 $G_\mathrm{f}(z)$，以补偿 $P(z)$ 的相位滞后引起的系统不稳定。最常用的补偿环节是线性相位超前补偿 z^m[12]。引入补偿器和改进内模后的系统控制框图如图 2.10 所示。其中内模被拆分为两部分，一部分在内模的反馈环内，另一部分移到了前向通道上，这样做的好处是利于相位超前环节 z^m 的实现。

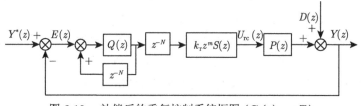

图 2.10   补偿后的重复控制系统框图 $(G_\mathrm{f}(z) = z^m)$

图 2.10 中，k_r 为重复控制增益。补偿后系统误差 $E(z)$ 表达式为

$$E(z) = \frac{1 - z^{-N}Q(z)}{1 - z^{-N}Q(z)\left[1 - k_\mathrm{r}z^m S(z)P(z)\right]}\left[Y^*(z) - D(z)\right] \tag{2.16}$$

可得到系统稳定的充分条件为[63]

$$|Q(z)[1 - k_\mathrm{r}z^m S(z)P(z)]| < 1 \tag{2.17}$$

当 $z^m S(z)P(z)=1$，其中 $k_\mathrm{r}=1$，此时 $z^m S(z)P(z)$ 具有单位增益零相位的特性[69-71]。实际应用中，由于系统数学模型的误差，很难取到理想补偿器满足 $z^m S(z)=P^{-1}(z)$[72]。因此，在设计补偿器时，需要首先研究被控对象 $P(z)$ 的幅频和相频特性。再据此对幅值和相位设计补偿环节，使得 $z^m S(z)P(z)$ 的频率特性能够达到中低频接近单位增益零相位、高频段快速衰减的效果。理论上说，由于 $P(z)$ 在高频区的相频特性是非线性的，应该采用非线性相位超前来补偿。但是非线性相位超前实现困难，工程应用复杂，所以采用线性相位补偿环节 z^m [12,73]。对于 z^m，将 $z=\mathrm{e}^{\mathrm{j}\omega T_\mathrm{s}}$ 代入得到 $z^m=\mathrm{e}^{\mathrm{j}\omega T_\mathrm{s}m}$。$z^m$ 是模值为 1、相角为 $m\omega T_\mathrm{s}$ 的相位补偿环节。

以 LC 滤波器为例，考虑到 $P(z)$ 在高频区可能具有谐振点，所以补偿环节的表达为

$$z^m S(z) = z^m S_1(z)S_2(z) \tag{2.18}$$

其中，$S_1(z)$ 为陷波滤波器，用于消除被控对象较高的谐振峰值。注意，如果采用无源阻尼法或者电容电流反馈有源阻尼法等来抑制谐振峰，则无须设计 $S_1(z)$。$S_2(z)$ 为低通滤波器，用于对高频段信号进一步衰减以增强系统的抗扰动能力。低通滤波器 $S_2(z)$ 会引入相位滞后，可以通过 z^m 来补偿。

改进后特征方程的矢量描述见图 2.11。虚线圆为圆心在 (1,0) 的单位圆，实线圆为圆心在 (1,0)、半径为 $1/Q$ 的圆。k_r 对被控对象 $P(z)$ 的幅值进行调整，优化系统性能。

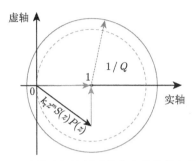

图 2.11　改进重复控制系统稳定条件的矢量描述

2.3　重复控制器系统性能分析

2.3.1　稳定性分析

根据以上分析，式 (2.17) 为系统稳定条件。图 2.11 给出了 $Q(z)$ 为常数 Q 时，稳定条件式 (2.17) 的矢量描述。由矢量分析可知，$|Q(z)[1 - k_\mathrm{r}z^m S(z)P(z)]|$ 的值越小越好。即 $Q(z)$ 越小，系统稳定裕度越大；或者 $k_\mathrm{r}z^m S(z)P(z)$ 越接近于 1，系统越容易稳定。

实际上，由于被控对象难以精确建模，所以在设计控制器时，需要给出一定裕度。也就是 $k_\mathrm{r}z^m S(z)P(z)$ 的幅值及其相角越小越好。如前所述，$k_\mathrm{r}z^m S(z)P(z){=}1$ 的情况最为理想。所以重复控制参数对系统稳定的影响总结如下：

(1) 内模 $Q(z)$。为提高系统稳定性，$Q(z)$ 可选为小于 1 的常数和零相位低通滤波器。$Q(z)$ 选为常数时相当于扩大特征圆的半径，增加稳定区域，且执行简单，但其对全频带内信号均衰减，增加了稳态误差，同时若其对高频信号衰减不足，对系统稳定性也存在威胁，因此需要补偿器进一步对高频信号进行衰减；$Q(z)$ 选为零相位低通滤波器时，其对低频信号信息保留完整，而对高频信号衰减严重，增加系统稳定性却带来了稳态误差。

(2) RC 增益 k_r。RC 增益影响其输出信号的幅值，反映重复控制在整个系统中控制作用的大小。其值越小越有利于系统稳定，但同时削弱了重复控制器的作用。

(3) 被控对象 $P(z)$。被控对象的特性影响系统稳定性，若被控对象存在谐振峰等不稳定因素，则需要对不稳定因素单独处理。如 LC 型独立逆变器模型为二阶系统，逆变器空载时，存在谐振峰，一般采用陷波器抑制，保证被控对象本身是稳定的；LCL 型并网逆变器模型为三阶系统，谐振频率处存在谐振峰，对此则需采用无源阻尼电阻、有源阻尼反馈或陷波器等方法抑制谐振峰。

(4) 补偿器 $z^m S(z)$。补偿器是针对 $P(z)$ 而设置的，主要用于补偿被控对象和低通滤波器引起的相位滞后，以及进一步衰减高频信号，因此，$z^m S(z)$ 包含两个环节：相位超前补偿环节 z^m 和低通滤波器。理想情况下，在控制器带宽范围内使得 $k_r z^m S(z) P(z)=1$，此时系统具有最好的稳定裕度和误差收敛速度。

2.3.2　抗谐波干扰性能分析

根据公式 (2.16)，可知误差 $E(z)$ 对干扰 $D(z)$ 的传递函数为

$$\frac{E(z)}{D(z)} = \frac{1 - z^{-N} Q(z)}{1 - z^{-N} Q(z)[1 - k_r z^m S(z) P(z)]} \tag{2.19}$$

如果谐波干扰信号 $D(z)$ 接近 $\omega_l = 2\pi l f_0$，$l = 0, 1, 2, \cdots, L$。其中，当 N 为偶数时，$L = N/2$；当 N 为奇数时，$L = (N-1)/2$，那么 $|z^N| = 1$[12]。将 $z = \mathrm{e}^{\mathrm{j}\omega T_s}$ 代入公式 (2.19) 得到

$$\frac{E\left(\mathrm{e}^{\mathrm{j}\omega T_s}\right)}{D\left(\mathrm{e}^{\mathrm{j}\omega T_s}\right)} = \frac{1 - Q\left(\mathrm{e}^{\mathrm{j}\omega T_s}\right)}{1 - H\left(\mathrm{e}^{\mathrm{j}\omega T_s}\right)} \tag{2.20}$$

其中，$H\left(\mathrm{e}^{\mathrm{j}\omega T_s}\right) = Q\left(\mathrm{e}^{\mathrm{j}\omega T_s}\right)\left[1 - k_r z^m S\left(\mathrm{e}^{\mathrm{j}\omega T_s}\right) P\left(\mathrm{e}^{\mathrm{j}\omega T_s}\right)\right]$。这里定义谐波衰减因数为

$$f(\omega) = \left| \frac{1 - Q\left(\mathrm{e}^{\mathrm{j}\omega T_s}\right)}{1 - H\left(\mathrm{e}^{\mathrm{j}\omega T_s}\right)} \right|, \ \omega \to \omega_l \tag{2.21}$$

对于 $Q\left(\mathrm{e}^{\mathrm{j}\omega T_s}\right)$ 的选取，分以下两种情况讨论。

1. $Q\left(\mathrm{e}^{\mathrm{j}\omega T_s}\right) = 1$

对于所有的 $\omega = \omega_l$，都有

$$f(\omega) = \left| \frac{1 - Q\left(\mathrm{e}^{\mathrm{j}\omega T_s}\right)}{1 - H\left(\mathrm{e}^{\mathrm{j}\omega T_s}\right)} \right| = 0 \tag{2.22}$$

那么根据公式 (2.19) 有

$$\lim_{\omega \to \infty} \left| E\left(\mathrm{e}^{\mathrm{j}\omega T_s}\right) \right| = 0 \tag{2.23}$$

所以，重复控制能够消除期望信号频率整数倍的谐波信号。

2. $Q\left(\mathrm{e}^{\mathrm{j}\omega T_\mathrm{s}}\right)\neq 1$

$$\left|E\left(\mathrm{e}^{\mathrm{j}\omega T_\mathrm{s}}\right)\right| = \left|f(\omega)D\left(\mathrm{e}^{\mathrm{j}\omega T_\mathrm{s}}\right)\right| = \left|\frac{1-Q\left(\mathrm{e}^{\mathrm{j}\omega T_\mathrm{s}}\right)}{1-H\left(\mathrm{e}^{\mathrm{j}\omega T_\mathrm{s}}\right)}\right|\left|D\left(\mathrm{e}^{\mathrm{j}\omega T_\mathrm{s}}\right)\right| \qquad (2.24)$$

显然，当 $Q\left(\mathrm{e}^{\mathrm{j}\omega T_\mathrm{s}}\right)\neq 1$ 时，由干扰 $D\left(\mathrm{e}^{\mathrm{j}\omega T_\mathrm{s}}\right)$ 引起的误差不能被完全消除，而是变为 $\left|1-Q\left(\mathrm{e}^{\mathrm{j}\omega T_\mathrm{s}}\right)\right|/\left|1-H\left(\mathrm{e}^{\mathrm{j}\omega T_\mathrm{s}}\right)\right|$ 倍。系统稳定时满足

$$\left|1-H\left(\mathrm{e}^{\mathrm{j}\omega T_\mathrm{s}}\right)\right| = \left|1-Q\left(\mathrm{e}^{\mathrm{j}\omega T_\mathrm{s}}\right)\left[1-k_\mathrm{r}S\left(\mathrm{e}^{\mathrm{j}\omega T_\mathrm{s}}\right)P\left(\mathrm{e}^{\mathrm{j}\omega T_\mathrm{s}}\right)\right]\right| > \left|1-Q\left(\mathrm{e}^{\mathrm{j}\omega T_\mathrm{s}}\right)\right| \qquad (2.25)$$

此时 $Q\left(\mathrm{e}^{\mathrm{j}\omega T_\mathrm{s}}\right)$ 越接近于 1 或 $H\left(\mathrm{e}^{\mathrm{j}\omega T_\mathrm{s}}\right)$ 越小，扰动就衰减得越多，引起的误差也越小。

综上，可得出以下结论：

(1) $Q\left(\mathrm{e}^{\mathrm{j}\omega T_\mathrm{s}}\right)\to 1$，系统抗谐波干扰能力强；

(2) 同时，期望 $k_\mathrm{r}S\left(\mathrm{e}^{\mathrm{j}\omega T_\mathrm{s}}\right)P\left(\mathrm{e}^{\mathrm{j}\omega T_\mathrm{s}}\right)\to 1$，所以最好的情况是补偿器 $S\left(\mathrm{e}^{\mathrm{j}\omega T_\mathrm{s}}\right)$ 能够补偿 $P\left(\mathrm{e}^{\mathrm{j}\omega T_\mathrm{s}}\right)$ 的相位滞后。

2.3.3 误差收敛分析

误差收敛分析是在系统稳定的前提下进行的。系统误差来源主要有两个：参考信号 $Y^*(z)$ 和扰动 $D(z)$。类似于系统抗干扰分析，可以得到系统误差的传递函数表示为

$$\begin{aligned}|E(z)| \leqslant &\left|\frac{1-Q(z)z^{-N}}{1-z^{-N}Q(z)[1-k_\mathrm{r}z^m S(z)P(z)]}\right||Y^*(z)| \\ &+ \left|\frac{1-Q(z)z^{-N}}{1-z^{-N}Q(z)[1-k_\mathrm{r}z^m S(z)P(z)]}\right||D(z)| \qquad (2.26)\end{aligned}$$

当 $Q(z)=1$，在基波和谐波频率处，系统误差快速收敛，且稳态误差为 0。当 $Q(z)\neq 1$，误差的收敛速度由衰减因数 $f(\omega)$ 决定。其中 $|Q(z)|$ 越小 (或低通滤波器的截止频率越低)，系统误差越大。对于参数 k_r，如果取值较大，那么 $f(\omega)$ 相应的值就小，误差衰减快；而如果 k_r 取得较小，那么 $f(\omega)$ 相应的值就大，误差衰减慢。根据图 2.11，k_r 值越大并不利于系统稳定。同样地，如果希望误差衰减快且系统稳定性好，那么也需要对补偿器 $S(z)$ 进行很好的设计。综上，无论是减小系统的静差，还是加快误差的衰减速度，系统的相应参数选择都需要权衡考虑。

2.4　本 章 小 结

本章给出了重复控制的基本原理——内模原理。针对理想重复控制稳定性差的问题，从改进 RC 内模和被控对象补偿器两方面进行论述；并研究了传统重复控制各个模块的功能，以及三个参数——相位补偿的超前拍数 m、重复控制增益 k_r 和内模滤波器 $Q(z)$，对系统稳定性、抗干扰能力以及误差收敛特性的影响。

第 3 章　基于重复控制的复合控制策略

单相并网逆变器中, 无误差地跟踪入网电流、抑制开关器件死区和电网电压背景谐波造成的电流畸变是电流控制器要解决的主要问题。RC 控制器同时包含多个正弦信号的内模, 可以同时跟踪或抑制多个频率的正弦信号, 但传统的 RC 控制器动态调节速度较慢。为此, 诸多复合控制被提出, 用来提高系统的动态性能[74-76]。基于谐振控制与重复控制的内在关系, 本节提出一种复合控制策略, 即新型比例积分多谐振 (proportional integral multi-resonant, PIMR) 控制器[77]。该控制策略既可以同时跟踪或抑制多个频率处的正弦信号, 又具有良好的动态性能。

3.1　串联复合控制结构性能分析

复合控制通常有串联结构和并联结构两种选择。串联结构是把重复控制器的输出信号加在 PI 控制器的给定值上, 而并联结构是重复控制器和 PI 控制的输出信号共同加在被控对象上。串联结构有插入式和级联式两种。三种复合控制结构

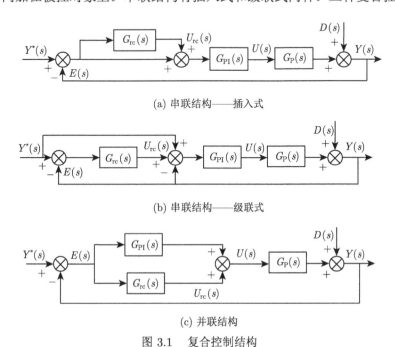

(a) 串联结构——插入式

(b) 串联结构——级联式

(c) 并联结构

图 3.1　复合控制结构

如图 3.1 所示，$G_{\mathrm{PI}}(s)$ 为比例积分控制器，$G_{\mathrm{rc}}(s)$ 为重复控制器，$G_{\mathrm{P}}(s)$ 为被控对象的表达式，$U(s)$ 为复合控制器输出信号。

如图 3.1(a) 和 (b) 所示，串联复合控制结构有插入式和级联式两种复合控制结构，二者尽管形式上不同，但是都具有相同的传递函数，本质上是相同的。串联复合控制结构中，由于存在误差直通通道，因此 PI 控制器的快速动态响应特性不受 RC 控制器动态响应慢的影响，且 PI 控制器可以单独设计。当参考信号突变时，误差信号首先由 PI 控制器调节，重复控制器从第二个周期开始起作用，因此，一般认为暂态响应中 PI 控制器起主要作用，而稳态响应中重复控制器起主要作用。

复合控制策略中，重复控制器的被控对象可以看作是由 PI 控制器和被控对象 $P(s)$ 共同构成的新的被控对象。图 3.1(a) 和 (b) 中，从 U_{rc} 到 $Y(s)$ 的传递函数可以看作是重复控制器的被控对象，其传递函数为

$$P(s) = \frac{G_{\mathrm{PI}}(s)G_{\mathrm{P}}(s)}{1 + G_{\mathrm{PI}}(s)G_{\mathrm{P}}(s)} \tag{3.1}$$

假设 $P(s)$ 的频率响应如图 3.2 所示。在截止频率以内，$P(s)$ 的幅值几乎保持 0dB，然后增益快速下降。这种频率特性是重复控制器设计中最理想的被控对象特性。这是因为补偿器往往是由低通滤波器和相位超前补偿环节构成，因此补偿器的幅频响应在截止频率 (补偿器的截止频率要大于被控对象的截止频率) 内保持常数，而如果重复控制器的被控对象在截止频率以内保持常数，那么补偿后的被控对象在截止频率以内仍为常数，再通过重复控制增益 k_{r} 就可以在重复控

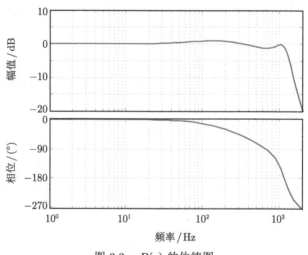

图 3.2　$P(s)$ 的伯德图

制器被控对象截止频率以内满足 $k_{\mathrm{r}}S(z)P(z) \approx 1$，此时系统具有最好的稳定裕度和误差收敛速度。

串联复合控制策略的设计方法为先设计 PI 控制器，使被控对象在 PI 控制器单独作用时低频段增益保持常数，然后再设计重复控制器。

3.2 并联复合控制结构性能分析

并联复合控制策略是将重复控制器和 PI 控制器并联作为系统的控制器，兼顾暂态和稳态特性，结构如图 3.1(c) 所示。从 U_{rc} 到 $Y(s)$ 的传递函数可以看作是重复控制器的被控对象，$P^*(s)$ 的描述为

$$P^*(s) = \frac{G_{\mathrm{P}}(s)}{1 + G_{\mathrm{PI}}(s)G_{\mathrm{P}}(s)} \tag{3.2}$$

图 3.3 中，幅频响应曲线近似为一个梯形，梯形顶部距 0dB 的距离为 $20\lg(1/k_{\mathrm{p}})$，PI 控制器的转折频率 $f_{\mathrm{t}}=k_{\mathrm{i}}/(2\pi k_{\mathrm{p}})$。幅频响应曲线为常数的部分所占频率范围的大小影响系统的参考信号跟踪和谐波抑制能力。要保证系统具有良好的基频信号跟踪能力，转折频率必须小于基频，从而有益于 PI 控制器参数的优化设计。响应曲线为常数的范围较小，也将导致补偿器难以把被控对象的低频部分补偿为常数，进而影响系统的信号跟踪和谐波抑制性能，甚至导致系统不稳定。

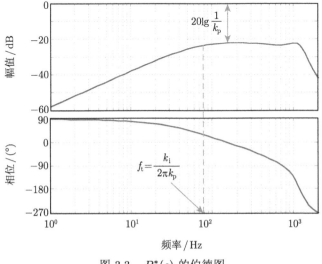

图 3.3 $P^*(s)$ 的伯德图

根据以上分析可以发现：串联复合控制策略中，重复控制器的被控对象的特性有利于重复控制器的设计；而并联复合控制策略中，重复控制器的被控对象增益在低频段的非常数特性影响 PI 控制器的设计以及复合控制器的动静态特性。因此，串联复合控制策略从设计难度和控制器稳定性方面优于并联复合控制策略。但目前也有不少文献采用并联复合控制策略，但控制器参数大都是分别设计，然后根据情况再做调整，没有考虑复合控制系统的参数优化设计。因此需要针对并联复合控制策略进一步改进，并提出详细的设计流程。

控制器对扰动信号的抑制能力是衡量控制器性能优劣的重要指标。串联复合控制策略中，误差信号与扰动信号的谐波抑制特性为

$$
\left| E\left(\mathrm{e}^{\mathrm{j}\omega T_{\mathrm{s}}}\right) \right| = \left| \frac{1}{1 + G_{\mathrm{P}}\left(\mathrm{e}^{\mathrm{j}\omega T_{\mathrm{s}}}\right) G_{\mathrm{PI}}\left(\mathrm{e}^{\mathrm{j}\omega T_{\mathrm{s}}}\right) + G_{\mathrm{P}}\left(\mathrm{e}^{\mathrm{j}\omega T_{\mathrm{s}}}\right) G_{\mathrm{PI}}\left(\mathrm{e}^{\mathrm{j}\omega T_{\mathrm{s}}}\right) G_{\mathrm{rc}}\left(\mathrm{e}^{\mathrm{j}\omega T_{\mathrm{s}}}\right)} \right|
$$
$$
\cdot \left| D\left(\mathrm{e}^{\mathrm{j}\omega T_{\mathrm{s}}}\right) \right| \tag{3.3}
$$

并联复合控制策略中，误差信号与扰动信号的谐波抑制特性为

$$
\left| E\left(\mathrm{e}^{\mathrm{j}\omega T_{\mathrm{s}}}\right) \right| = \left| \frac{1}{1 + G_{\mathrm{P}}\left(\mathrm{e}^{\mathrm{j}\omega T_{\mathrm{s}}}\right) G_{\mathrm{PI}}\left(\mathrm{e}^{\mathrm{j}\omega T_{\mathrm{s}}}\right) + G_{\mathrm{P}}\left(\mathrm{e}^{\mathrm{j}\omega T_{\mathrm{s}}}\right) G_{\mathrm{rc}}\left(\mathrm{e}^{\mathrm{j}\omega T_{\mathrm{s}}}\right)} \right| \left| D\left(\mathrm{e}^{\mathrm{j}\omega T_{\mathrm{s}}}\right) \right|
$$
$$
\tag{3.4}
$$

如果控制器只有 PI 控制器，误差信号与扰动信号的谐波抑制特性为

$$
\left| E\left(\mathrm{e}^{\mathrm{j}\omega T_{\mathrm{s}}}\right) \right| = \left| \frac{1}{1 + G_{\mathrm{P}}\left(\mathrm{e}^{\mathrm{j}\omega T_{\mathrm{s}}}\right) G_{\mathrm{PI}}\left(\mathrm{e}^{\mathrm{j}\omega T_{\mathrm{s}}}\right)} \right| \left| D\left(\mathrm{e}^{\mathrm{j}\omega T_{\mathrm{s}}}\right) \right| \tag{3.5}
$$

比较式 (3.3)~式 (3.5) 可以发现，复合控制策略的谐波抑制能力好于单独 PI 控制器，但串联和并联复合控制策略仍有不同。二者的区别主要在于分母的第三项是否含有 $G_{\mathrm{PI}}\left(\mathrm{e}^{\mathrm{j}\omega T_{\mathrm{s}}}\right)$ [78]：串联复合控制策略相对于单独 PI 控制器系统谐波抑制特性的改善效果受 PI 控制器参数制约，因而改善谐波抑制特性的能力有限；并联复合控制策略对系统谐波抑制特性的改善效果不受 PI 控制器参数的影响，因而谐波抑制特性可能会优于串联复合控制策略。需要进一步研究复合控制策略中 PI 控制器和重复控制器的参数优化设计，提出具有更优谐波抑制特性的控制策略。

3.3　基于重复控制的 PIMR 控制器

重复控制含增益 k_{r} 的频域表达式为

$$
G_{\mathrm{rc}}(s) = \frac{k_{\mathrm{r}}\mathrm{e}^{-sT_0}}{1 - \mathrm{e}^{-sT_0}} \tag{3.6}
$$

利用指数性质展开

$$G_{rc}(s) = -\frac{k_r}{2} + \frac{k_r}{T_0}\frac{1}{s} + \frac{2k_r}{T_0}\sum_{k=1}^{\infty}\frac{s}{s^2+(k\omega_0)^2} \qquad (3.7)$$

由式 (3.7) 可知，由于重复控制器增益 k_r 为正值，因此，重复控制器可以分解为负比例项、积分项和多个并联的谐振项。值得注意的是，重复控制分解式中包含有负比例项，系统可以被看作是非最小相位系统，负比例项在负反馈中变成正反馈，对误差信号产生负调节，不仅对系统的动态性产生坏的影响，而且影响系统的稳定性。因此有必要对负比例项进行修正。在式 (3.7) 等号两边同时加上大于 $k_r/2$ 的正增益 k_p，公式可以变为

$$G_{rc}(s) + k_p = \left(k_p - \frac{k_r}{2}\right) + \frac{k_r}{T_0}\frac{1}{s} + \frac{2k_r}{T_0}\sum_{k=1}^{\infty}\frac{s}{s^2+(k\omega_0)^2} \qquad (3.8)$$

显然，公式右边可以看作是正比例项 $(k_p - k_r/2)$、积分项 $(k_r/(T_0 s))$ 和多谐振项。因此，一个重复控制器加上一个比例增益可以等效为一个比例积分多谐振控制器，即 PIMR 控制器[79]。

3.3.1 PIMR 结构

PIMR 控制器可以由重复控制器 $G_{rc}(s)$ 并联比例控制器 k_p 构成，其控制结构框图如图 3.4 所示。

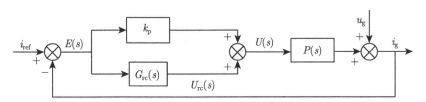

图 3.4　PIMR 控制系统结构框图

从 U_{rc} 到 i_g 的传递函数可以表示为

$$P_0(s) = \frac{P(s)}{1 + k_p P(s)} \qquad (3.9)$$

$P_0(s)$ 为 RC 控制并联 P 控制器结构下的新被控对象，而 $P_0^*(s)$ 为 RC 控制并联 PI 控制器结构下的新被控对象 (式 (3.2))，当被控对象 $P(s)$ 相同、比例系数相同的情况下，它们的伯德图如图 3.5 所示。

　　图中，$P_0(s)$ 的幅频特性曲线在低频保持常数，这为重复控制器设计带来方便；而 $P_0^*(s)$ 的幅频特性曲线类似梯形，而且保持常数的频率范围很小，这给重复控制器的稳定带来潜在威胁。因此，重复控制器与 PI 控制器并联的复合控制策略并不是一种优秀的控制方案，而重复控制器与 P 控制并联的复合控制策略保留前者优点的同时避免了 PI 控制器参数设计带来的问题。

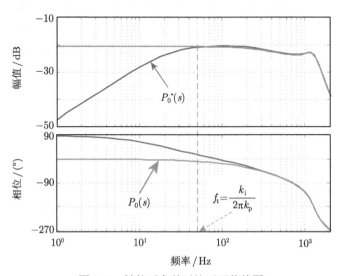

图 3.5　被控对象的对比开环伯德图

　　由 RC 控制器和 P 控制器并联构成的 PIMR 控制器的开环伯德图如图 3.6 所示。PIMR 控制器能够在基波频率和截止频率 (1kHz) 以内的整数倍基波频率处

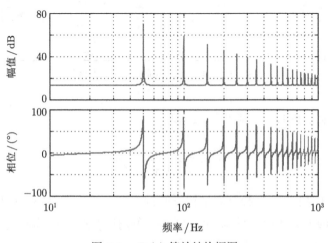

图 3.6　$P_0(s)$ 等效结构框图

提供足够高的增益，因此，设计的控制器具有优秀的参考电流信号跟踪能力和谐波抑制能力，从而保证并网逆变器入网电流的质量。

3.3.2 PIMR 稳定性分析

由于控制器要在数字信号处理器中运行，为了保证系统设计准确，本章 PIMR 控制器设计直接在离散域中进行。

图 3.7 中，离散重复控制器的表达式为

$$G_{\mathrm{rc}}(z) = \frac{Q(z)z^{-N}}{1 - Q(z)z^{-N}} \cdot z^m k_{\mathrm{r}} S(z) \tag{3.10}$$

其中，$Q(z)$ 为内模滤波器，用于改善系统的稳定性和鲁棒性；z^m 为相位超前补偿，用于补偿被控对象和补偿函数造成的相位滞后，其可以改善系统的误差收敛速度和跟踪精度；k_{r} 是 RC 控制器增益；$S(z)$ 是补偿器，一般选为低通滤波器，用于进一步衰减高频信号，提高系统稳定性。

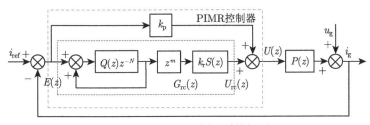

图 3.7　PIMR 控制器系统框图

根据图 3.7，PIMR 控制系统的跟踪误差可以表示为

$$E(z) = \frac{1}{1 + [G_{\mathrm{rc}}(z) + k_{\mathrm{p}}] \cdot P(z)} \left[i_{\mathrm{ref}}(z) - u_{\mathrm{g}}(z)\right] \tag{3.11}$$

由公式 (3.11) 可得系统的特征多项式为

$$
\begin{aligned}
1 + [G_{\mathrm{rc}}(z) + k_{\mathrm{p}}] \cdot P(z) &= 1 + G_{\mathrm{rc}}(z) \cdot P(z) + k_{\mathrm{p}} \cdot P(z) \\
&= [1 + k_{\mathrm{p}} \cdot P(z)] \cdot \left[1 + \frac{G_{\mathrm{rc}}(z) \cdot P(z)}{1 + k_{\mathrm{p}} \cdot P(z)}\right] \\
&= [1 + k_{\mathrm{p}} \cdot P(z)] \cdot [1 + G_{\mathrm{rc}}(z) \cdot P_0(z)] \tag{3.12}
\end{aligned}
$$

其中，$P_0(z) = \dfrac{P(z)}{1 + k_{\mathrm{p}} \cdot P(z)}$。

由此，系统稳定条件为：① $1 + k_{\mathrm{p}}P(z) = 0$ 的根在单位圆内；② $|1 + G_{\mathrm{rc}}(z) \cdot P_0(z)| \neq 0$。条件 ① 可以通过选择合适的 k_{p} 值满足。将公式 (3.10) 代入条件 ②，

可得

$$\left|1 - Q(z)z^{-N} + k_\mathrm{r}Q(z)z^{-N+m}S(z)P_0(z)\right| \neq 0, \forall z = \mathrm{e}^{\mathrm{j}\omega T_\mathrm{s}}, 0 < \omega < \pi/T_\mathrm{s} \quad (3.13)$$

要满足公式 (3.13)，只需要满足公式 (3.14)

$$\left|Q(z)z^{-N}[1 - k_\mathrm{r}z^m S(z)P_0(z)]\right| < 1 \quad (3.14)$$

如果参考信号和扰动信号的频率为基波频率的整数倍,那么 $|z^N|$=1。对公式 (3.14) 进一步推导，可得

$$\left|Q(z)[1 - k_\mathrm{r}z^m S(z)P_0(z)]\right| < 1 \quad (3.15)$$

假设，$P_0(z)$ 的频率特性 $P_0(\mathrm{j}\omega)$=$N_\mathrm{P}(\omega)\exp[\mathrm{j}\theta_\mathrm{P}(\omega)]$，$N_\mathrm{P}(\omega)$ 和 $\theta_\mathrm{P}(\omega)$ 分别为 $P_0(\mathrm{j}\omega)$ 的幅频特性和相频特性。补偿器 $S(z)$ 的频率特性 $S(\mathrm{j}\omega)$=$N_\mathrm{S}(\omega)\exp[\mathrm{j}\theta_\mathrm{S}(\omega)]$，$N_\mathrm{S}(\omega)$ 和 $\theta_\mathrm{S}(\omega)$ 分别为 $S(\mathrm{j}\omega)$ 的幅频特性和相频特性。结合公式 (3.15)，可得

$$\left|1 - k_\mathrm{r}N_\mathrm{S}(\omega)N_\mathrm{P}(\omega)\mathrm{e}^{\mathrm{j}[\theta_\mathrm{s}(\omega)+\theta_\mathrm{P}(\omega)+m\omega T_\mathrm{s}]}\right| < 1 \quad (3.16)$$

根据欧拉公式，将指数函数 e 展开，由于 k_r>0，$N_\mathrm{S}(\omega)$>0，$N_\mathrm{P}(\omega)$>0，因此，公式 (3.16) 可变为

$$k_\mathrm{r}N_\mathrm{S}(\omega)N_\mathrm{P}(\omega) < 2\cos\left[\theta_\mathrm{S}(\omega) + \theta_\mathrm{P}(\omega) + m\omega T_\mathrm{s}\right] \quad (3.17)$$

由于 $N_\mathrm{S}(\omega)$>0，$N_\mathrm{P}(\omega)$>0，公式 (3.17) 成立的条件为

$$\left|\theta_\mathrm{S}(\omega) + \theta_\mathrm{P}(\omega) + m\omega T_\mathrm{s}\right| < 90° \quad (3.18)$$

$$0 < k_\mathrm{r} < \min_\omega \frac{2\cos\left[\theta_\mathrm{S}(\omega) + \theta_\mathrm{P}(\omega) + m\omega T_\mathrm{s}\right]}{N_\mathrm{S}(\omega)N_\mathrm{P}(\omega)} \quad (3.19)$$

重复控制器参数 k_r 和 m 只要满足公式 (3.18) 和式 (3.19)，系统稳定。这两个公式也为选择 RC 控制器参数提供了依据。公式 (3.18) 只包含一个参数 m，因而可以先确定 m 值，然后再由公式 (3.19) 确定 k_r 的值。

3.3.3　PIMR 参数设计

PIMR 控制器是由 RC 控制器并联比例控制器构成，因而，可以通过设计重复控制器参数和比例系数代替传统 PIMR 多个复杂参数的设计。PIMR 有五个参数需要设计，分别是比例增益 k_p、内模滤波器 $Q(z)$、相位超前补偿器 z^m、RC 增益 k_r 和补偿器 $S(z)$。逆变器的主要参数如表 3.1 所示。

表 3.1 逆变器的主要参数

参数	值
电感 L_1	3 mH
L_1 等效电阻 r_1	0.48 Ω
电感 L_2	2.6 mH
L_2 等效电阻 r_2	0.32 Ω
电容 C	11.2 μF
直流母线电压 E_{dc}	380 V
基波频率 f_0	50 Hz
采样频率 f_s	10 kHz
开关频率 f_{sw}	10 kHz
开关死区时间	3 μs

1. 比例增益 k_p 的设计

由公式 (3.9) 和式 (3.12) 可知,比例增益 k_p 对稳定性影响很大。一个适当的 k_p 值可以使 $P_0(z)$ 幅频响应曲线在低频段保持常数,这是 RC 控制器最希望的被控对象频率特性。根据上一节分析,要想使 PIMR 控制系统稳定,系统要满足 $1 + k_p P(z) = 0$ 的根在单位圆内,实际上也就是 $P_0(z)$ 的极点在单位圆内。

图 3.8 和图 3.9 分别给出了不同 k_p 值情况下的 $P_0(z)$ 的极点分布图和伯德图。由图 3.8 可以看出 k_p 值在 10~22 之间变化时,极点都在单位圆内,因此这些值都满足 PIMR 控制系统稳定条件 ① 。由图 3.9 可知,k_p 值在 13~19 之间变化时 $P_0(z)$ 的幅频特性曲线在低频段 (1kHz 以内) 几乎能保持常数,但是由它们的相频特性可知:k_p 值越大,相频特性在 1kHz 以内的滞后越小,越有利于系统相位补偿。综上分析,本章中 k_p 值选为 19。

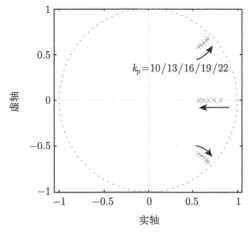

图 3.8 不同 k_p 值情况下的 $P_0(z)$ 的极点分布图

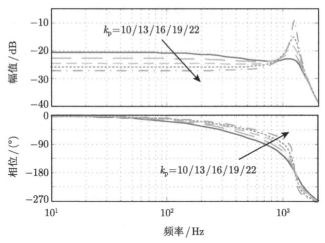

图 3.9 不同 k_p 值情况下的 $P_0(z)$ 的伯德图

2. $Q(z)$ 的设计

当 Q 取不同值时，$G_\mathrm{rc}(z)$ 在 50Hz 处的开环伯德图如图 3.10 所示。由图 3.10 可知，$G_\mathrm{rc}(z)$ 的开环增益随 Q 值的减小而减小，谐振带宽增加。显然，当 Q 取值较小时，带宽更宽，但控制系统会有较大的稳态误差。因此本章选取 $Q=0.95$。

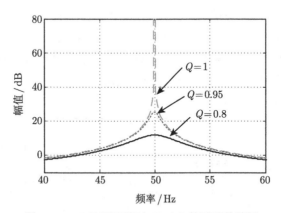

图 3.10 Q 取不同值时 $G_\mathrm{rc}(z)$ 的开环伯德图

3. 补偿器 $S(z)$ 设计

由图 3.10 可以看出，$Q(z)$ 选为零相位低通滤波器时 PIMR 控制器的频率特性好于 $Q(z)$ 选为常数 0.95 时的频率特性，但是其在大于 1kHz 频率段的开环特性仍然高于 0dB，这对系统的稳定性不利。因此，需要设计补偿器进一步衰减高频开环增益，并使 $S(z)P_0(z)$ 在截止频率以内的幅频特性曲线保持 0dB。通常补

偿器 $S(z)$ 选为二阶低通滤波器或低阶巴特沃思低通滤波器。综合考虑低通滤波器对高频信号的高衰减特性及计算复杂度，本章选择四阶巴特沃思低通滤波器作为补偿器。截止频率为 1kHz 的四阶低通滤波器为

$$S(z) = \frac{0.004824z^4 + 0.0193z^3 + 0.02895z^2 + 0.0193z + 0.004824}{z^4 - 2.37z^3 + 2.314z^2 - 1.055z + 0.1874} \tag{3.20}$$

4. 相位超前补偿器 z^m 设计

相位超前补偿器可以补偿由被控对象 $P_0(z)$ 和补偿器 $S(z)$ 造成的相位滞后，特别是高频区域的相位滞后。设计合适的 m 值，使角度 $\theta_S(\omega) + \theta_P(\omega) + m\omega T_s$ 接近于 $0°$，从而使式 (3.18) 在更宽的频率带内成立，进而消除更多的谐波。m 取不同值时，$\theta_S(\omega) + \theta_P(\omega) + m\omega T_s$ 接近于 $0°$ 的曲线如图 3.11 所示。显然，$m=8$ 时，$\theta_S(\omega) + \theta_P(\omega) + m\omega T_s$ 与 $0°$ 在 2kHz 内的相位偏差最小。

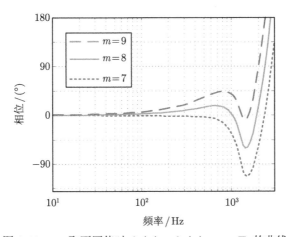

图 3.11 m 取不同值时 $\theta_S(\omega) + \theta_P(\omega) + m\omega T_s$ 的曲线

5. 重复控制增益 k_r

由公式 (3.19) 可知，k_r 的最大值可以选为

$$\begin{aligned}
k_r &= \min_{0 \leqslant \omega \leqslant \omega_N} \frac{2\cos\left[\theta_S(\omega) + \theta_P(\omega) + m\omega T_s\right]}{N_S(\omega)N_P(\omega)} \\
&= \frac{2\min\left[\cos\left(\theta_S(\omega) + \theta_P(\omega) + m\omega T_s\right)\right]}{\max\left[N_S(\omega)N_P(\omega)\right]}
\end{aligned} \tag{3.21}$$

其中，ω_N 是奈奎斯特角频率。图 3.11 中，$\theta_S(\omega) + \theta_P(\omega) + m\omega T_s$ 的角度在 1kHz 频率范围内从 $0° \sim 17.6°$ 变化。所以，$\min[\cos(\theta_S(\omega) + \theta_P(\omega) + m\omega T_s)] = 0.953$。$S(z)$

为低通滤波器, 其最大增益为 0dB, 因此, $\max[N_S(\omega)N_P(\omega)]$ 的值由 $N_P(\omega)$ 的增益决定。由图 3.12 可知, 1kHz 以内的频率范围内, $m=8$ 时, $S(z)P_0(z)$ 的增益从 -24dB(0.063) 到 -25dB(0.056), 因此, $\max[N_S(\omega)N_P(\omega)]=0.063$。由公式 (3.21) 可以算出 k_r 的最大值为 30.25。假设系统具有 20% 的系统建模误差, k_r 的最大值可以调整为 25.21。

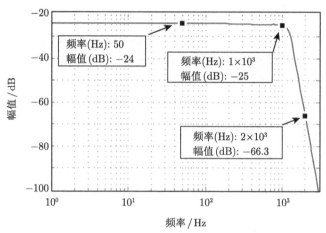

图 3.12 $S(z)P_0(z)$ 的幅频响应曲线

为了进一步验证 k_r 的取值范围, 图 3.13 给出了 k_r 取不同值时, $H\left(e^{j\omega T_s}\right)$ 的轨迹。由图可知, k_r 在 15~21 范围内变化时, $H\left(e^{j\omega T_s}\right)$ 的轨迹都在单位圆内。进

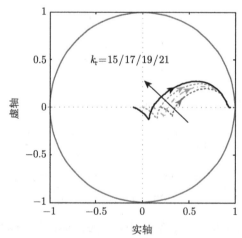

图 3.13 k_r 取不同值时的 $H(e^{j\omega T_s})$ 轨迹图

一步可以发现，$k_r = 19$ 时，$H\left(\mathrm{e}^{\mathrm{j}\omega T_s}\right)$ 的低频区域更接近于单位圆圆心，因此，控制器在低频区域内具有更好的低频信号跟踪能力。

为了比较本章设计的 PIMR 控制策略和文献 [80] 所提出的 RC 并联 PI 控制器策略，图 3.14 给出了二者的 $H\left(\mathrm{e}^{\mathrm{j}\omega T_s}\right)$ 轨迹。由图可以发现，(a) 图中 $H(\mathrm{e}^{\mathrm{j}\omega T_s})$ 轨迹的起点位于单位圆边界上，此时系统属于临界稳定状态，并且轨迹的 50Hz 和 750Hz 处距离单位圆圆心较远；(b) 图中 $H(\mathrm{e}^{\mathrm{j}\omega T_s})$ 轨迹的起点接近单位圆圆心，而且轨迹的 50Hz 和 750Hz 处靠近圆心，整个曲线距离单位圆边界都有一定的距离，说明 PIMR 控制策略具有很好的基频信号跟踪能力、低频谐波抑制能力和良好的系统稳定性。

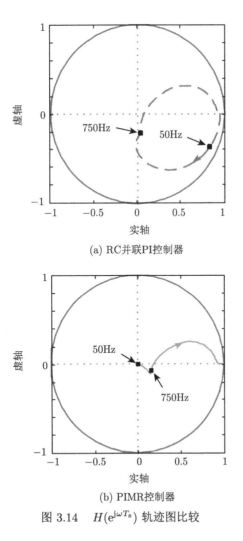

(a) RC并联PI控制器

(b) PIMR控制器

图 3.14 $H(\mathrm{e}^{\mathrm{j}\omega T_s})$ 轨迹图比较

PIMR 控制 $|G_{\mathrm{PIMR}}(\mathrm{e}^{\mathrm{j}\omega T_{\mathrm{s}}})|$ 和传统的重复控制 $|G_{\mathrm{CRC}}(\mathrm{e}^{\mathrm{j}\omega T_{\mathrm{s}}})|$ 的开环增益图如图 3.15(a) 所示。由图可以看出，PIMR 比传统 RC 增益高。$|P(\mathrm{e}^{\mathrm{j}\omega T_{\mathrm{s}}})|$、$|G_{\mathrm{PI}}(\mathrm{e}^{\mathrm{j}\omega T_{\mathrm{s}}}) P(\mathrm{e}^{\mathrm{j}\omega T_{\mathrm{s}}})|$ 和 $|G_{\mathrm{PIMR}}(\mathrm{e}^{\mathrm{j}\omega T_{\mathrm{s}}}) P(\mathrm{e}^{\mathrm{j}\omega T_{\mathrm{s}}})|$ 的增益如图 3.15(b) 所示，PIMR 控制器在基频及其多个频率上都比 PI 控制器有更高的开环控制增益，从而获得更好的稳态响应。

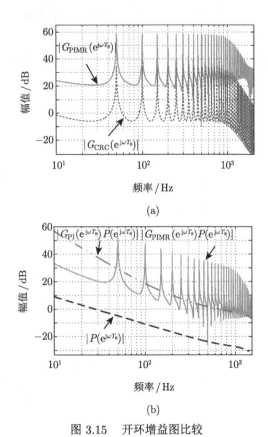

(a)

(b)

图 3.15　开环增益图比较

3.3.4　实验验证

为了验证所设计的 PIMR 控制器的效果，搭建了物理实验平台。实验参数如表 3.1 所示，实验装置主要由可编程直流电源 (Chroma 62100H-1000)、单相并网逆变器、LCL 滤波器、电压电流传感器、数据采集卡 (DAQ Quanser QPIDe)、装有基于 MATLAB/Simulink 环境的 QuaRC 软件的电脑等组成。

图 3.16(a)、(b) 和 (c) 分别是提出的 PIMR 的增益 k_{r} 为 2.5、3.5 和 4.5 时的波形图。对应的电网电流 THD 值分别约为 2.82%、2.28% 和 1.99%，远低于 5%

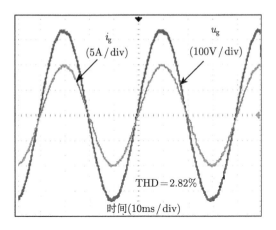

(a) $k_r = 2.5$

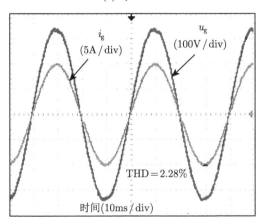

(b) $k_r = 3.5$

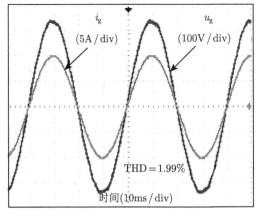

(c) $k_r = 4.5$

图 3.16 PIMR 的入网电流实验图

的上限值。k_r 的值小于理论设计值，但大于常规 RC 的增益。传统 CRC 单独应用于 LCL 型并网逆变器时，系统不稳定，不能给出电网电流波形。

作为比较，图 3.17(a) 给出了 PI 控制器单独的稳态响应，电网电流的 THD 为 4.28%。图 3.17(b) 给出 3、5、7、9 次谐振控制器的 PI+MR 控制器稳态响应图，THD 为 2.97%。两种控制器的 THD 值都高于 PIMR 控制器。

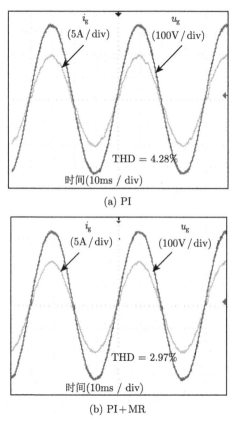

图 3.17　PI 和 PI+MR 的入网电流实验图

接着，比较了不同电网频率下各控制器的性能。图 3.18 进一步验证了 PIMR 控制器改善谐波的有效性。尽管电网频率有所变化，PIMR 控制器仍有较好的谐波抑制能力。另外，PIMR 控制器由许多谐振项组成，而 PI+MR 控制器仅由少数谐振项组成。因此 PIMR 控制系统的 THD 值小于 PI+MR 控制系统。

传统 RC 的缺点是暂态响应慢，因此，快速的暂态响应是 PIMR 的目标。图 3.19给出不同值 k_r 的 PIMR 控制器的输出电流及电流跟踪误差的收敛过程图，其中 $t_{trigger}$ 为触发时间，i_g 为输出电流，i_{error} 为输出电流误差。从图中可以看出，增益越大，收敛速度越快，收敛时间约为 0.15s。

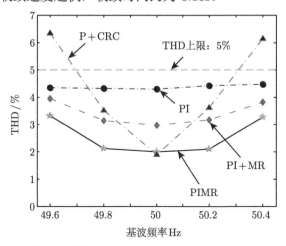

图 3.18 不同电网频率下 PI、PI+MR、P+CRC、PIMR 的比较

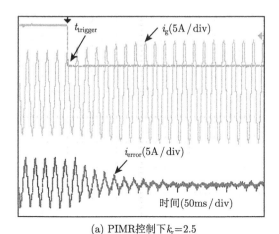

(a) PIMR控制下 $k_r = 2.5$

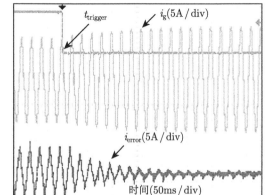

(b) PIMR控制下 $k_r = 3.5$

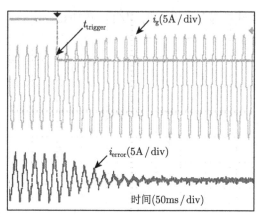

(c) PIMR控制下$k_r = 4.5$

图 3.19　输出电流 i_g 及其误差 i_{error} 的瞬态响应

3.4　本 章 小 结

本章主要提出了一种新的 PIMR 控制器及其设计方法并将其应用在单相并网逆变器中。采用 RC 控制器和比例控制器并联构成新的 PIMR 控制器，实验验证了该方法的正确性和可行性。所设计的 PIMR 控制器具有以下优点：

(1) 与传统 PMR 控制器相比，减少了多个谐振控制器并联的计算负担和设计复杂度。其直接离散域设计也避免传统 PMR 控制器频域设计然后再离散化造成的误差。

(2) 与 PI 控制器相比，PIMR 控制器可以处理正弦信号，因此可以直接应用于单相系统和三相系统的静止坐标系中跟踪正弦参考信号和抑制低频谐波。

(3) 与复合重复控制器相比，PIMR 控制器具有同等优秀的谐波抑制能力和动态响应速度，而且需要设计的参数更少，设计方法更简单。

第 4 章 基于 FIR 滤波器的分数相位
超前补偿重复控制

随着变换器功率等级的提高，降低变换器 PWM 开关频率可以有效降低开关损耗，但会造成脉宽调制环节输出谐波增加，电流畸变增大。第 3 章表明相位超前补偿可以提高 RC 控制精度和误差收敛速度，但在低采样频率时，整数拍超前相位补偿可能造成系统相位欠补偿或过补偿问题[81-84]。本章采用基于 FIR 滤波器的分数相位超前补偿法 (fractional phase lead compensation，FPLC) 以实现较为精确的相位补偿。

4.1 相位超前补偿原理

CRC 的离散传递函数 (3.10) 和对应的控制框图如图 4.1 所示。需要指出的是，相位超前补偿 z^m 只能在有 RC 的场合应用，这是因为 RC 存在固有的一个 N 拍周期延时，而补偿拍数 m 需要满足 $N \gg m$。由图 4.1 可知，超前补偿环节 z^m 与 RC 内模延时环节 z^{-N} 结合后变为 z^{-N+m}，由于 $N \gg m$，因此 z^{-N+m} 仍为延时环节，物理上可以实现。

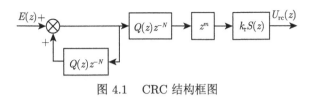

图 4.1 CRC 结构框图

根据第 2 章的分析，RC 系统的稳定条件是 $|Q(z)[1 - k_\mathrm{r} z^m S(z) P(z)]| < 1$，当 $k_\mathrm{r} z^m S(z) P(z) = 1$ 时，系统具有最好的稳定性，这要求补偿后的 $P(z)$ 具有零增益零相位。而相位超前补偿器 z^m，即用来补偿被控对象和补偿器共同产生的相位滞后，使 $k_\mathrm{r} z^m S(z) P(z)$ 尽量接近零相位。

4.2 低采样频率下整数相位超前补偿存在的问题

由于 $z=\mathrm{e}^{\mathrm{j}\omega T_{\mathrm{s}}}$，$z$ 的相位角 θ 满足

$$\theta = \omega T_{\mathrm{s}} = \frac{\omega}{f_{\mathrm{s}}} \tag{4.1}$$

因此，当采样频率 f_{s} 不同时，z 的相位 θ 随频率 ω 变化的速度也不同。由图 4.2 可知，采样频率越小，相位 θ 增长越快。对于超前补偿环节 z^m，其相位角为 $m\theta$。相位超前补偿拍次为整数时，超前补偿环节 z^m 在低采样频率时相位超前补偿较快，对 $S(z)P(z)$ 的相位补偿可能不足或过度，无法正好补偿至接近零相位，从而使系统的稳定裕度变小，甚至导致系统不稳定。

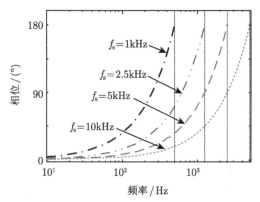

图 4.2   不同采样频率下线性相位超前补偿环节的相频特性曲线

当 $m=2$、3、4、5 时，$z^m S(z)P(z)$ 的相频响应如图 4.3 所示，可知，当 $m=3$ 时，$z^m S(z)P(z)$ 在小于 1kHz 的频段内的相位在 $\pm 90°$ 之间，且在 0.8kHz 以内相位几乎为 $0°$，补偿效果较好，但是大于 1kHz 频率处的相位超过了 $-90°$，系统可能不稳定；当 $m=4$ 时，$z^m S(z)P(z)$ 在奈奎斯特频率以内 (采样频率为 4kHz，奈奎斯特频率为 2kHz) 的相位在 $\pm 80°$ 之间，系统稳定。显然，如果相位超前补偿拍数为 3 和 4 之间的数，$z^m S(z)P(z)$ 可能存在更优的相位，即奈奎斯特频率以内相位在 $\pm 80°$ 之间，且低频段接近 $0°$。

图 4.3 仅从相位上反映相位补偿的效果，图 4.4 给出了从系统稳定性角度看相位补偿的效果，即当 m 为不同值时，$Q(z)[1-k_{\mathrm{r}}z^m S(z)P(z)]$ 的奈氏图。根据稳定判据，当 $Q(z)[1-k_{\mathrm{r}}z^m S(z)P(z)]$ 的模值小于 1，即其矢量曲线在单位圆内，系统稳定，而超出单位圆系统不稳定。由图 4.4 可知，当 $m=3$ 或 $m=4$ 时，曲线超出单位圆，系统均不稳定。但根据曲线趋势可以推断，当 m 值在 3 和 4 之间

时，可能存在矢量曲线在单位圆内。$m=3.5$ 时的曲线证实了推断的正确性。这说明，当整数相位补偿不能满足系统稳定性要求时，可能存在分数相位超前补偿使系统稳定。

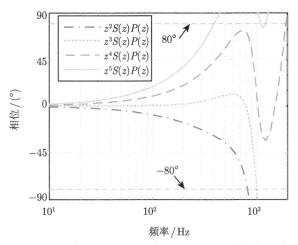

图 4.3　m 为 2、3、4、5 时 $z^m S(z) P(z)$ 的相频响应

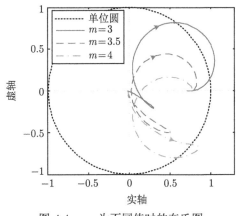

图 4.4　m 为不同值时的奈氏图

4.3　基于 FIR 滤波器的分数相位超前补偿的实现

4.3.1　分数延时的分离

分数阶延时可采用由整数阶延时构成的分数延时滤波器实现。对于正实数延时 D，可以分离为整数部分和分数部分，表述如下：

$$D = \text{int}(D) + d \tag{4.2}$$

其中，$\text{int}(D)$ 表示 D 的整数部分；d 表示 D 带小数的部分。

4.3.2　基于 FIR 滤波器的分数延时

理想的分数延时 z^{-d} 可以由 M 阶有限脉冲响应 (finite impulse response, FIR) 滤波器近似，其离散传递函数可表示为

$$z^{-d} \approx H(z) = \sum_{n=0}^{M} h(n) z^{-n} \tag{4.3}$$

其中，$n=0,1,2,\cdots,M$；$h(n)$ 为多项式系数。FIR 滤波器的直接实现方法如图 4.5 所示。

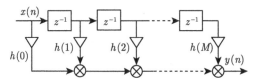

图 4.5　M 阶 FIR 滤波器的直接实现方法

公式 (4.3) 中 $H(z)$ 的误差频域表达式为

$$E\left(\mathrm{e}^{\mathrm{j}\omega T_{\mathrm{s}}}\right) = H\left(\mathrm{e}^{\mathrm{j}\omega T_{\mathrm{s}}}\right) - H_{\mathrm{id}}\left(\mathrm{e}^{\mathrm{j}\omega T_{\mathrm{s}}}\right) \tag{4.4}$$

其中 $H_{\mathrm{id}}\left(\mathrm{e}^{\mathrm{j}\omega T_{\mathrm{s}}}\right)$ 为 $H\left(\mathrm{e}^{\mathrm{j}\omega T_{\mathrm{s}}}\right)$ 的理想值，并且 $H_{\mathrm{id}}\left(\mathrm{e}^{\mathrm{j}\omega T_{\mathrm{s}}}\right)$ 具有如下频率特性：

$$\begin{aligned} \left|H_{\mathrm{id}}\left(\mathrm{e}^{\mathrm{j}\omega T_{\mathrm{s}}}\right)\right| &\equiv 1 \\ \arg\left\{H_{\mathrm{id}}\left(\mathrm{e}^{\mathrm{j}\omega T_{\mathrm{s}}}\right)\right\} &= \theta_{\mathrm{id}}(\omega) = -d\omega \end{aligned} \tag{4.5}$$

确定系数 $h(n)$ 使得误差 $E\left(\mathrm{e}^{\mathrm{j}\omega T_{\mathrm{s}}}\right)$ 最小是设计的目标。基于最平坦型的分数延时 FIR 滤波器设计采用拉格朗日插值方法实现，这种方法设计简单，容易实现，系数在线调整容易，因而实际应用广泛。因此，下面详细介绍采用拉格朗日插值方法实现最平坦型 FIR 分数延时 (fraction delay, FD) 滤波器的设计过程。

理想情况下，误差 $E(\mathrm{e}^{\mathrm{j}\omega T_{\mathrm{s}}})$ 应该是约等于 0，此时分数延时环节 $H(\mathrm{e}^{\mathrm{j}\omega T_{\mathrm{s}}})$ 近似理想分数延时环节 $H_{\mathrm{id}}(\mathrm{e}^{\mathrm{j}\omega T_{\mathrm{s}}})$。如果公式 (4.4) 中频域误差函数 $E(\mathrm{e}^{\mathrm{j}\omega T_{\mathrm{s}}})$ 满足

$$\left.\frac{\mathrm{d}^n E\left(\mathrm{e}^{\mathrm{j}\omega T_{\mathrm{s}}}\right)}{\mathrm{d}\omega^n}\right|_{\omega=\omega_0} = 0, \quad n = 0,1,2,\cdots,M \tag{4.6}$$

那么，$E\left(\mathrm{e}^{\mathrm{j}\omega T_\mathrm{s}}\right)\approx 0$。

当 $\omega=0$，滤波器的长度为 $L=M+1$，公式 (4.6) 可以用以下等式近似表示

$$\sum_{k=0}^{M} k^n h(k) \approx d^n, \quad n=0,1,2,\cdots,M \tag{4.7}$$

或者，用矩阵的形式表示为

$$\boldsymbol{V}\boldsymbol{h} = \boldsymbol{v} \tag{4.8}$$

其中，$\boldsymbol{h}=[h(0)\ h(1)\ \cdots\ h(n)]^\mathrm{T}$ 为冲击响应系数向量；$\boldsymbol{v}=\left[1\ d\ d^2\ \cdots\ ‘d^M\right]^\mathrm{T}$；$\boldsymbol{V}$ 为 $L\times L$ 的范德蒙德矩阵[85]，如式 (4.9) 所示。等式 (4.8) 的解等价于经典拉格朗日插值方程，且方程的解为式 (4.10)。特别地，$M=1$ 相当于在两个采样点之间插值，此时，分数延时 FIR 滤波器的系数为 $h(0)=1-d$，$h(1)=d$，$z^d\approx(1-d)+dz^{-1}$。

$$\boldsymbol{V} = \begin{bmatrix} 1 & 1 & 1 & \cdots & 1 \\ 0 & 1 & 2 & \cdots & M \\ 0 & 1 & 2^2 & \cdots & M^2 \\ \vdots & \vdots & \vdots & & \vdots \\ 0 & 1 & 2^M & \cdots & M^M \end{bmatrix} \tag{4.9}$$

$$h(n) = \prod_{k=0,k\neq n}^{M} \frac{d-k}{n-k}, \quad n=0,1,2,\cdots,M \tag{4.10}$$

拉格朗日插值是设计 FIR 滤波器近似给定分数延时的最简单方法。拉格朗日分数延时滤波器的阶数为 M。当 $M=1$, 2, 3(等效滤波器的长度 $L=2$, 3, 4) 的拉格朗日 FD 滤波器的系数如表 4.1 所示。

表 4.1　拉格朗日 FD 滤波器的系数

	$M=1$	$M=2$	$M=3$
$h(0)$	$1-d$	$(d-1)(d-2)/2$	$-d(d-1)(d-2)(d-3)/6$
$h(1)$	d	$-d(d-2)$	$d(d-2)(d-3)/2$
$h(2)$		$d(d-1)/2$	$-d(d-1)(d-3)/2$
$h(3)$			$d(d-1)(d-2)/6$

M 值越大，近似分数延时越精确，但计算量越大。绘制不同 M 的 $z^{-0.5}$ 的频率响应曲线，如图 4.6 所示。图中横坐标为归一化频率。分数延时 $z^{-0.5}$ 的理想幅频响应为 1，相频响应为严格线性。M 为偶数的滤波器具有较好的幅频响应，

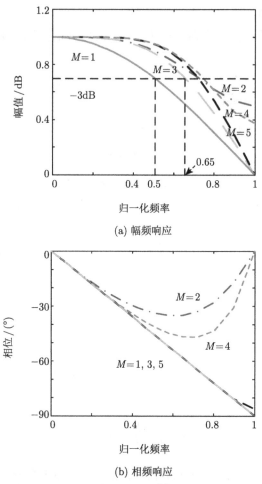

(a) 幅频响应

(b) 相频响应

图 4.6　不同阶数 M 的 $z^{-0.5}$ 的频率响应图

而 M 为奇数的滤波器具有较好的相频响应。M 为不同值时，低阶滤波器在低频段具有较好的频率响应。$M=1$ 的 FD-FIR 滤波器带宽为 50% 奈氏频率；$M=3$ 的 FD-FIR 滤波器的带宽为 65% 奈氏频率。而随着阶数 M 的增加，滤波器的带宽增加逐渐缓慢。在带宽频率范围内，滤波器的幅频响应接近于 1，但相频响应却不同。综上，$M=3$ 的 FD-FIR 滤波器具有较理想的频率响应。

分数延时的理想 FIR 滤波器含有无限多项，而有限项的 FIR 滤波器只能近似理想的分数延时。文献 [85] 指出，当 $d \to M/2$ 时，即插值点 d 靠近 FIR 滤波器阶数一半时，插值效果最理想。因此，当 $M=3$ 时，插值长度 L 为 4，即采集 4 个数据来近似插值，此时，d 选择靠近 $M/2=1.5$ 最佳。

4.3.3 分数相位超前补偿的实现

当超前拍数 m 为分数时，称为分数相位超前。实际应用中无法实现超前环节，这里借鉴分数延时的实现方法由整数超前拍数近似分数超前拍数。实际上，这种实现方法可以从另一种角度考虑，$z^{1.2}=z^3z^{-1.8}$，由分数延时公式，$z^{-1.8}=-0.0320+0.2160z^{-1}+0.8640z^{-2}-0.0480z^{-3}$，因此，$z^{1.2}=z^3z^{-1.8}=z^3(-0.0320+0.2160z^{-1}+0.8640z^{-2}-0.0480z^{-3})=-0.0320z^3+0.2160z^2+0.8640z-0.0480$。

当 M 确定后，对于任意的分数相位超前环节 z^D，可以把 D 分成两个部分，即 $D=\text{int}(D)+d$，其中，$\text{int}(D)$ 为整数，通过调整 $\text{int}(D)$ 使得 d 接近 $M/2$，例如当 $M=3$ 时，$z^{3.6}=z^2z^{1.6}=z^2(-0.056+0.448z+0.672z^2-0.064z^3)=-0.064z^5+0.672z^4+0.448z^3-0.056z^2$。

4.4 PIMR 控制系统中的分数相位超前补偿

第 3 章提出的 PIMR 控制器结构是在采样频率和开关频率同为 10kHz 时设计的，然而，当采样频率和开关频率降为 4kHz 时，PIMR 控制系统可能面临不稳定。因此，PIMR 控制器的稳定性和相关参数都要重新分析和设计。

4.4.1 分数相位超前补偿 PIMR 控制系统稳定性分析

由 3.3.2 节可知，PIMR 控制系统的稳定条件 ① 可以通过选择合适的 k_p 值满足。条件 ② 可以进一步推导变为 $|Q(z)[1-k_r z^m S(z)P_0(z)]|<1$，令 $H(z)=1-k_r z^m S(z)P_0(z)$，条件 ② 的矢量表示如图 4.7 所示。由图 4.7 可知，当矢量 $Q(z)H(z)$ 在以 $(1,0)$ 为圆心、$1/Q(z)$ 为半径的圆内时，系统稳定。进一步分析，影响系统稳定的参数有五个：RC 被控对象 $P_0(z)$、补偿器 $S(z)$、RC 增益 k_r、相位超前补偿环节 z^m 和内模滤波器 $Q(z)$。

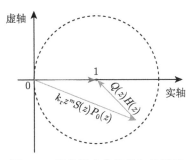

图 4.7　系统稳定条件的矢量描述

　　RC 被控对象 $P_0(z)$ 一般为逆变器输出滤波器模型或经过改善后的模型，其在低频段或控制器带宽内保持常数是 RC 最期望的特性。补偿器 $S(z)$ 一般选择为低通滤波器，以进一步衰减高频扰动信号，其一般在带宽内保持 0dB，从而使 $S(z)P_0(z)$ 在控制带宽内保持常数，这为通过设计 RC 增益 k_r 使 $k_rS(z)P_0(z)$ 的模值接近于 1 提供了可能。相位超前补偿环节 z^m 用于补偿 $S(z)P_0(z)$ 使得 $k_rz^mS(z)P_0(z)$ 的相位在 ±90° 之间。如果 $k_rz^mS(z)P_0(z)$ 的相位超出 ±90° 范围，那么只要 $k_rz^mS(z)P_0(z)$ 的模值不为零，矢量 $Q(z)H(z)$ 一定超出单位圆，系统一定不稳定。内模滤波器 $Q(z)$ 之所以能够提高系统的鲁棒性，是由于无论 $Q(z)$ 取小于 1 的常数还是零相位低通滤波器，都将在全频段或中高频段减小 $H(z)$ 的模值，从而使矢量 $Q(z)H(z)$ 在单位圆内。

4.4.2　参数设计

　　在逆变器 PIMR 控制系统中，RC 被控对象 $P_0(z)$ 是由 LCL 滤波器模型 $P(z)$ 和与之并联的比例增益 k_p 构成。而 $P(z)$ 是确定的，因此需要设计 k_p。为此，PIMR 控制系统在采样频率变为 4kHz 时，需要设计的参数为：比例增益 k_p、内模滤波器 $Q(z)$、补偿器 $S(z)$、RC 增益 k_r、分数相位超前补偿环节 z^m。

　　PIMR 控制器被控对象为单相 LCL 型并网逆变器，其存在的谐振峰影响系统的稳定性，对其采用电容电流反馈有源阻尼后的开环伯德图如图 4.8 所示，可见系统的截止频率太低，需要进行校正，即采用适当控制器改善被控对象的低频特性。

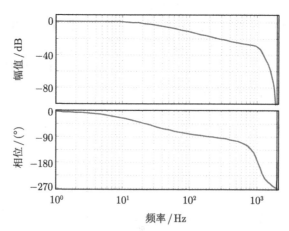

图 4.8　有源阻尼后的 LCL 模型 $P(z)$ 的开环伯德图

　　PIMR 在低采样频率 4kHz 时的比例增益 $k_p=15$，内模滤波器 $Q(z)=(z+8+$

$z^{-1})/10$，补偿器 $S(z)$ 选取四阶巴特沃思低通滤波器为

$$S_4(z) = \frac{0.09398z^4 + 0.3759z^3 + 0.5639z^2 + 0.3759z + 0.09398}{z^4 - 2.22 \times 10^{-16}z^3 + 0.486z^2 - 8.784 \times 10^{-17}z + 0.01766} \quad (4.11)$$

根据公式 (3.18) 可以确定相位超前补偿拍数 m 的范围，然后根据公式 (3.19) 再确定 RC 增益。当 m 在 3～4 时，$\theta_S(\omega) + \theta_P(\omega) + m\omega T_s$ 的角度变化曲线如图 4.9 所示。

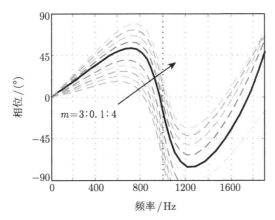

图 4.9　当 m 在 3～4 时，$(\theta_S(\omega) + \theta_P(\omega) + m\omega T_s)$ 相位角

由图 4.9 可知，m 在 3～4 之间每隔 0.1 变化时，具有比整数相位超前相位更精细的相位信息。奈奎斯特频率内，当 $m=3.4$ 时，$\theta_S(\omega) + \theta_P(\omega) + m\omega T_s$ 相位角变化范围为 $-33.9° \sim 40°$，范围最小，此时对应的 $\min[\cos(\theta_S(\omega) + \theta_P(\omega) + m\omega T_s)] = 0.83$。因而，$m=3.4$ 时，k_r 的最大值为 26。因此，可以发现在 1000Hz 带宽内，当 m 取分数时，可以扩大 RC 增益 k_r 的值。考虑到系统建模误差和参数的波动，假设系统存在 20% 的模型不确定性，因此，RC 增益 k_r 的值变为 $21.1(m=3.4)$。

当 $m=3$ 时，绘制 k_r 的值从 1 变化至 17 对应的 $H(e^{j\omega T_s})$ 的轨迹如图 4.10(a) 所示；当 $m=4$ 时，k_r 的值从 5 变化至 21 对应的 $H(e^{j\omega T_s})$ 的轨迹如图 4.10(b) 所示。可知，当 k_r 的值较小时，$H(e^{j\omega T_s})$ 的轨迹的起点在 (0,0) 和 (0,1) 之间，且横轴坐标距离圆心较远；随着 k_r 值的增加，$H(e^{j\omega T_s})$ 的轨迹的起点向左移动，向圆心靠拢，但超过一定值，继续向左移动时，远离圆心。由稳定性可知，如果 50Hz 频率处的 $H(e^{j\omega T_s})$ 值在圆心处，那么系统具有最好的参考信号跟踪性。

综上分析，当 $m=3.4$，$k_r=16$ 时，$H(e^{j\omega T_s})$ 的轨迹如图 4.11 所示。由图可知，50Hz 频率处 $H(e^{j\omega T_s})$ 的轨迹靠近圆点，说明系统具有很好的基频信号跟踪能力；

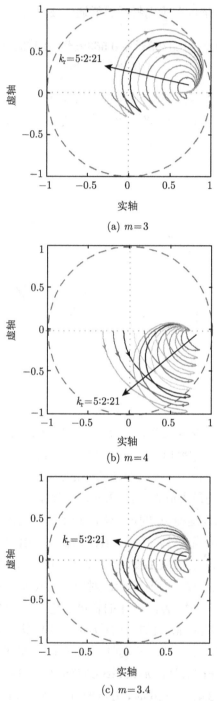

(a) $m=3$

(b) $m=4$

(c) $m=3.4$

图 4.10　m 取不同值时 $H(\mathrm{e}^{\mathrm{j}\omega T_{\mathrm{s}}})$ 的轨迹

1kHz 频率处 $H(e^{j\omega T_s})$ 的轨迹在 (0.36,0.306),在单位圆内,而奈奎斯特频率 (2kHz) 处 $H(e^{j\omega T_s})$ 轨迹的终点在 (0.6,0)。说明在整个频段内系统都具有较好的谐波抑制能力,特别是对带宽内谐波信号的抑制能力更好。

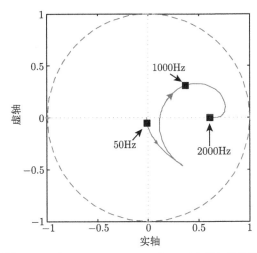

图 4.11 当 $m=3.4$,$k_r=16$ 时,$H(e^{j\omega T_s})$ 的轨迹

根据以上参数,设计好的 FPLC-PIMR 控制器的开环伯德图如图 4.12 所示。由图可知,FPLC-PIMR 控制器在基频处的开环增益为 90dB,尽管在基频的整数倍频率处的增益逐渐降低,但在 1kHz 处仍具有近 40dB 的开环增益,这些高增益能够使控制器良好地跟踪基频参考信号以及抑制 19 次以内的奇数次谐波。

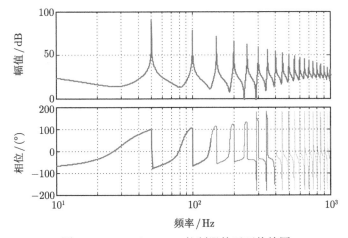

图 4.12 FPLC-PIMR 控制器的开环伯德图

4.4.3　实验验证

实验中 LCL 滤波器的电感电容存在内阻,实际电网存在感性阻抗,导致被控对象模型不准确等问题,需根据实验情况对控制参数做适当调整。

整数补偿阶数 PIMR 控制系统 ($m=3$, $k_r=1$) 的入网电流如图 4.13(a) 所示。由图可知,入网电流波形谐波含量较大,导致入网电流波形畸变,电流 THD 达到 4.01%。整数补偿阶控制系统 ($m=4$, $k_r=7$) 的入网电流及其频谱如图 4.13(b) 所示。由图可知,入网电流波形畸变,谐波含量较大,电流 THD 为 3.94%。$k_r=6$ 时,FPLC-PIMR 控制系统的入网电流如图 4.14(a) 所示,入网电流的 THD 为 1.98%。$k_r=8$ 时,FPLC-PIMR 控制系统的入网电流如图 4.14(b) 所示,入网电流的 THD 为 2.08%。相比 $k_r=6$ 的入网电流 THD 有所提高,这是因为,合适的增益 k_r 能够使系统输出入网电流的稳态误差达到最小,而当增益过大时,系统的稳态误差增加,甚至导致系统不稳定。

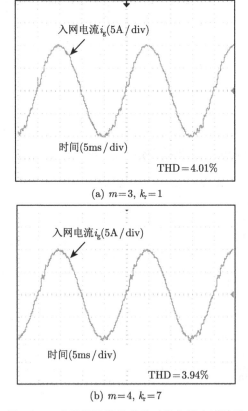

(a) $m=3$, $k_r=1$

(b) $m=4$, $k_r=7$

图 4.13　当补偿阶数为整数时的入网电流波形

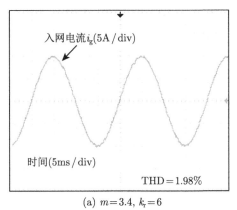

(a) $m=3.4$, $k_r=6$

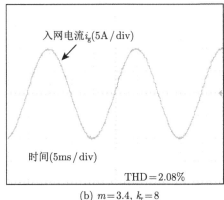

(b) $m=3.4$, $k_r=8$

图 4.14 当补偿阶数为分数时的入网电流波形

为了进一步验证 FPLC-PIMR 控制系统的动态性能，参考电流幅值由 10A 降为 6A 时的电流实时波形如图 4.15 所示，可见，电流能够在约 3 个周期的调整后进入稳定状态。

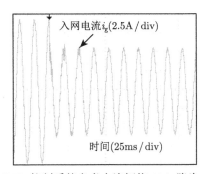

图 4.15 FPLC-PIMR 控制系统参考电流幅值 10A 降为 6A 时入网电流波形

4.5　本 章 小 结

　　本章首先回顾了相位超前补偿的原理，并指出在低采样频率下整数相位超前补偿存在的问题，然后给出了分数相位超前补偿的实现方法，接着针对 4kHz 采样频率，重新设计了 PIMR 控制器中的参数，并重点设计了分数相位超前补偿环节。最后通过实验进一步验证了分数相位超前补偿 PIMR 控制器具有比整数相位超前补偿 PIMR 控制器更优秀的稳态特性。

第 5 章 基于最优切换策略的相位超前补偿重复控制

在低采样频率下，第 4 章已经介绍了 FPLC-RC 策略，解决了相位过补偿或欠补偿的问题。然而，一方面 FPLC-RC 是通过基于拉格朗日插值法的 FIR 滤波器近似实现的，这会引入近似误差，进而损害补偿效果；另一方面，高精确的补偿需要高阶 FIR 滤波器，这增加了计算负担。因此，本章基于切换相位补偿的思想，提出最优切换重复控制 (optimized switching repetitive control，OSRC) 作为一种并行的方案，能够扩大稳定裕度，可以采用更大的滤波器 Q 值实现更高的跟踪精度和更低的 THD 值。接着，给出了 OSRC 的理论分析和最优设计过程。最后，在不同的负载情况下进行了各种策略的比较实验，证明所提出的 OSRC 方案的有效性。

5.1 切换重复控制

本节介绍的 OSRC 方案[86]，其整数相位超前补偿器可以在过补偿和欠补偿之间切换，具有优秀的补偿性能，可以显著提高系统的稳定性和跟踪精度。

5.1.1 切换策略原理

图 5.1 显示了 OSRC 控制系统的结构图。$G_{\mathrm{f}}(z)$ 是一个内部可以切换的补偿器，表示为

$$G_{\mathrm{f}}(z) = z^{f(j)} = \begin{cases} z^{m_1}, & (k-1)(\alpha+\beta) < j \leqslant k\alpha \\ z^{m_2}, & k\alpha < j \leqslant k(\alpha+\beta) \end{cases} \tag{5.1}$$

其中，j 是当前参考信号周期的序列号，$k=1,2,3,\cdots$，α 和 β 分别是每个 $\alpha+\beta$ 周期内超前拍数 m_1 和 m_2 的重复使用次数。在某个周期的起点，基于切换策略执行对应的切换动作。OSRC 控制器 $G_{\mathrm{OSRC}}(z)$ 的传递函数为

$$G_{\mathrm{OSRC}}(z) = k_{\mathrm{r}} \frac{z^{f(j)} Q(z) S(z) z^{-N}}{1 - Q(z) z^{-N}} \tag{5.2}$$

　　类似于线性相位超前补偿器 $G_{\mathrm{f}}(z){=}z^m$ 的实现方式，OSRC 控制器的相位补偿公式 (5.1) 与 $G_{\mathrm{OSRC}}(z)$ 中的 z^{-N} 项相结合，实现非因果补偿。

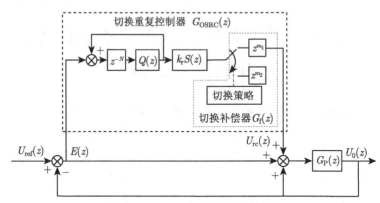

图 5.1　OSRC 控制系统的结构图

5.1.2　稳定性分析

　　如图 5.1 所示，OSRC 闭环系统的敏感度函数为

$$
\begin{aligned}
S_{\mathrm{OSRC}}(z) &= \frac{E(z)}{U_{\mathrm{ref}}(z)} \\
&= [1 - G_{\mathrm{P}}(z)] \frac{1}{1 + G_{\mathrm{OSRC}}(z)G_{\mathrm{P}}(z)} \\
&= G_1(z) \frac{1 - Q(z)z^{-N}}{1 - Q(z)z^{-N}[1 - k_{\mathrm{r}}z^{f(j)}S(z)G_{\mathrm{P}}(z)]} \\
&= \frac{M(z)}{1 - Q(z)z^{-N}G[f(j)]}
\end{aligned}
\tag{5.3}
$$

其中,$G_1(z) = 1{-}G_{\mathrm{P}}(z),M(z){=}G_1(z)[1{-}Q(z)z^{-N}],P(z){=}S(z)G_{\mathrm{P}}(z),G[f(j)]{=}1{-}k_{\mathrm{r}}z^{f(j)}P(z)$。公式 (5.3) 包含一个时变函数 $f(j)$，这增加了分析难度。

　　但实际上，$f(j)$ 是周期为 $(\alpha+\beta)T_{\mathrm{s}}$ 的周期函数。根据 Longman 教授的观点 [87]，参考信号的周期 (20ms) 相对于逆变器的暂态过程来说是足够长的。因此根据公式 (5.3) 可以近似写出误差从一个周期到下一个周期的频率传递函数

$$
\begin{aligned}
E(z) &= z^{-N}Q(z)G[f(j)]E(z) + M(z)U_{\mathrm{ref}}(z) \\
&= z^{-N}Q(z)G[f(j)]\{z^{-N}Q(z)G[f(j-1)]E(z) + M(z)U_{\mathrm{ref}}(z)\} + M(z)U_{\mathrm{ref}}(z)
\end{aligned}
$$

　　$\cdots$

$$=z^{-(\alpha+\beta)N}Q^{\alpha+\beta}(z)\prod_{i=1}^{\alpha+\beta}G[f(i)]E(z)$$

$$+M(z)\left\{1+\sum_{i=1}^{\alpha+\beta-1}\left\{z^{-iN}Q^i(z)\prod_{j=1}^{i}G[f(j)]\right\}\right\}U_{\text{ref}}(z) \tag{5.4}$$

根据公式 (5.4),敏感度函数 $S_{\text{OSRC}}(z)$ 可以表示为

$$S_{\text{OSRC}}(z)=\frac{E(z)}{U_{\text{ref}}(z)}$$

$$=\frac{M(z)\left\{1+\sum_{i=1}^{\alpha+\beta-1}\left\{z^{-iN}Q^i(z)\prod_{j=1}^{i}G[f(j)]\right\}\right\}}{1-z^{-(\alpha+\beta)N}Q^{\alpha+\beta}(z)\prod_{i=1}^{\alpha+\beta}G[f(i)]E(z)} \tag{5.5}$$

公式 (5.3) 表示 $G_1(z)$ 的所有极点都是敏感度函数 $S_{\text{OSRC}}(z)$ 的极点,即 $G_1(z)$ 必须稳定以保证整个系统的稳定。此外,根据公式 (5.5) 和小增益原理,系统稳定性的充分条件是 $\left|Q^{\alpha+\beta}(z)\prod_{j=1}^{\alpha+\beta}G[f(j)]\right|<1$。

因此,可得 OSRC 控制系统非严格意义下的稳定条件为

① $G_1(z)$ 稳定;

②

$$\left|Q^{\alpha+\beta}(z)\prod_{j=1}^{\alpha+\beta}G[f(j)]\right|<1 \tag{5.6}$$

注:OSRC 是一个切换系统。严格来说,逆变器系统的稳定要求每个切换子系统都稳定,即公式 (2.17) 对于 m_1、m_2 都得到满足,以及整个切换系统稳定。但实际上,逆变器的跟踪误差不可能在周期之间急剧变化,因此满足公式 (5.6) 足以得到工程意义上的稳定。

由公式 (5.6) 可以得到,$\left|\prod_{j=1}^{\alpha+\beta}G[f(j)]\right|$ 的值越小,$Q(z)$ 的值可以越大。与线性相位超前补偿 RC 的稳定条件公式 (2.17) 进行比较,可以看出条件公式 (5.6) 是 $|Q(z)[1-k_{\text{r}}G_{\text{f}}(z)P(z)]|<1$ 的乘积项。低采样率 CRC 中的整数超前补偿器 $G_{\text{f}}(z)=z^{m_1}$ 或 $G_{\text{f}}(z)=z^{m_2}$ 可能会导致过补偿或欠补偿,但是 OSRC 采用合适的切

换策略，可以得到更好的补偿效果。整数线性相位超前补偿 RC 实质上是 OSRC 中 $m_1=m_2$ 的特殊情况。

OSRC 方案可以提供更大的稳定裕度，并改善跟踪性能。随着采样频率的增加，CRC 中的过补偿或欠补偿现象可以得到改善，但是需要更多的存储空间并增加了计算负担。因此，随着采样频率的增加，OSRC 相对于 CRC 的性能改进可能不太明显。尽管低采样频率 RC 可以显著降低硬件成本，但限制了控制器的带宽、降低了信噪比。与低采样频率的 CRC 相比，在相同采样率下，OSRC 可以有效提高跟踪精度。然而，由于带宽的限制，低采样频率下的 OSRC 跟踪性能无法与高采样频率下的 CRC 跟踪性能相媲美。

5.2　切换重复控制的最优设计

由公式 (5.6) 可知，OSRC 设计的目标是最小化 $\left|\prod_{j=1}^{\alpha+\beta} G[f(j)]\right|$。系统需要设计的参数主要有：滤波器 $S(z)$，切换补偿器 $G_{\mathrm{f}}(z)$(包括 m_1、m_2、α、β)，RC 增益 k_{r} 和内模滤波器 $Q(z)$。如图 1.2 所示的 CVCF 单相 PWM 逆变器的主要参数如表 5.1 所示。

表 5.1　逆变器的主要参数

参数	值
直流母线电压 E_{dc}	100 V
电感 L	2.1 mH
电容 C	50 μF
电阻 R	100 Ω
电感等效电阻 r	0.1 Ω
整流电感 L_{r}	2.5 mH
整流电阻 R_{r}	100 Ω
整流电容 C_{r}	4700 μF
开关频率 f_{sw}	4 kHz
参考信号 U_{ref}	$80\sin(100\pi t)$ V
采样周期 T_{s}	2.5×10^{-4} s

1. $S(z)$ 的设计

$S(z)$ 的表达式为

$$S(z) = S_1(z)S_2(z) = \frac{z^4+2+z^{-4}}{4}\frac{0.2431z+0.1294}{z^2-0.7793z+0.1518} \tag{5.7}$$

其中，$S_1(z)$ 是零相位陷波器，即 $S_1(z) = \dfrac{z^r + 2 + z^{-r}}{4}$，其中 r 是陷波滤波器的阶数，满足 $r \approx \pi/(\omega_{r1} \cdot T_s)$，$\omega_{r1}$ 是陷波角频率，$\omega_{r1}=3141$ rad/s；$S_2(z)$ 是巴特沃思低通滤波器，转折角频率和阻尼比分别为 3770 rad/s 和 1。

图 5.2 显示了 $G_P(z)$ 和 $P(z)$ 即 $S(z)G_P(z)$ 的频率响应。由于陷波器阶数 r 含有近似误差，因此陷波器 $S_1(z)$ 不能精确地抵消谐振峰。可以通过设计复杂的陷波器来提高陷波性能，但由于参数变化和系统模型的不准确性，在实践中很难实现精确的谐振峰抵消。因此，本节采用简单的零相位陷波滤波器 $S_1(z)=(z^r+2+z^{-r})/4$。从图 5.2 可以看出，低通滤波器 $S_2(z)$ 加剧了系统的相位滞后，需采用相位补偿器 $G_f(z)$ 进行补偿。

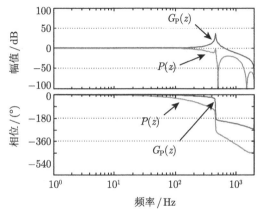

图 5.2　$P(z)$ 和 $G_P(z)$ 的频率响应

2. 切换补偿器 $G_f(z)$ 的最优设计

切换补偿器 $G_f(z)$ 的设计包括超前拍数 m_1 和 m_2，切换参数 α 和 β。最优问题可以写成

$$\min_{m_1,m_2,\alpha,\beta} \left| \prod_{j=1}^{\alpha+\beta} G[f(j)] \right|_{\infty}^{\frac{1}{\alpha+\beta}} \tag{5.8}$$

公式 (5.8) 满足

$$0 \leqslant \underline{m} \leqslant m_1, m_2 \leqslant \overline{m}$$
$$0 \leqslant \underline{M} \leqslant \alpha, \beta \leqslant \overline{M} \tag{5.9}$$

其中，$\overline{m}$ 和 $\underline{m}$ 分别是超前拍数 m_1 和 m_2 的上限和下限，而 $\overline{M}$ 和 $\underline{M}$ 分别是切换参数 α 和 β 的上限和下限，这些上下限组成了一个可行区域。在这个区域内，

通过离线穷举方法来解决最优问题，即遍历 m_1、m_2、α、β 所有的组合，然后找到可以使 $\left|\prod\limits_{j=1}^{\alpha+\beta} G[f(j)]\right|_{\infty}^{\frac{1}{\alpha+\beta}}$ 最小化的最佳组合。

相位超前补偿的设计目标是补偿被控对象 $P(z)$ 的相位滞后。过补偿或欠补偿都会降低系统的稳定性，为了更好地补偿相位滞后，超前拍数 m 应该满足 $\angle z^m \approx \angle P^{-1}(z)$。因此，$\overline{m}$ 和 $\underline{m}$ 的边界选择可以根据下式确定：

$$\begin{cases} \overline{m} = \left\lceil \max \left| \dfrac{\angle P(\mathrm{j}\omega)\omega_N}{180\omega} \right| \right\rceil, & \forall \omega \in (0, \omega_N] \\[4mm] \underline{m} = \left\lfloor \min \left| \dfrac{\angle P(\mathrm{j}\omega)\omega_N}{180\omega} \right| \right\rfloor, & \forall \omega \in (0, \omega_N] \end{cases} \tag{5.10}$$

$\overline{m}$ 和 $\underline{m}$ 的设计如图 5.3 所示，相位超前补偿满足 $\angle z^{\underline{m}} \leqslant \angle P^{-1}(z) \leqslant \angle z^{\overline{m}}$。此外，边界 $\overline{M}$ 和 $\underline{M}$ 也决定了可行区域的大小，较大的 $\overline{M} - \underline{M}$ 值可以扩大可行区域的范围，即通过更长的计算时间可以获得更好的切换策略。$\overline{M}$ 通常在 10 以内。

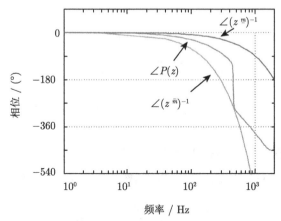

图 5.3　超前拍数 m 的上限和下限

图 5.4 是 $\left|\prod\limits_{j=1}^{\alpha+\beta} G[f(j)]\right|^{\frac{1}{\alpha+\beta}}$，$|1 - z^{m_1}P(z)|$ 和 $|1 - z^{m_2}P(z)|$ 的频率响应图，即当 $k_{\mathrm{r}}=1$ 时，OSRC 可以提高逆变器系统的稳定性。$|1 - z^{m_1}P(z)|$ 和 $|1 - z^{m_2}P(z)|$ 的曲线展示了超前拍数为 m_1 和 m_2 的 CRC 补偿性能。超前拍数 m_1 和 m_2 在 550Hz 前后分别会导致过度补偿和补偿不足，然而 OSRC 可以通过最优切换补偿策略来扩大稳定区域。

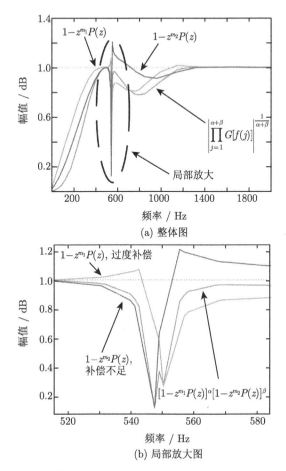

图 5.4 OSRC 和 CRC 的补偿性能

3. k_r 和 Q 的设计

表 5.2 显示了不同 k_r 时 OSRC 的补偿性能。可以看出，最优的切换参数随着 k_r 的变化而变化。

表 5.2 k_r 不同时，OSRC 的补偿性能

k_r	m_1	m_2	α	β	$\left\lvert \prod\limits_{j=1}^{\alpha+\beta} G[f(j)] \right\rvert_{\infty}^{\frac{1}{\alpha+\beta}}$
0.5	5	4	2	3	1.002
0.75	6	4	1	3	1.003
1.0	5	4	1	1	1.005
1.25	5	4	1	1	1.013
1.5	5	4	1	1	1.029

Q 需满足稳定条件公式 (5.6)，即

$$Q < Q_{\max} = \frac{1}{\left| \prod_{j=1}^{\alpha+\beta} G[f(j)] \right|_{\infty}^{\frac{1}{\alpha+\beta}}} \tag{5.11}$$

根据公式 (5.11) 和图 5.4，在更宽的稳定区域内，OSRC 中 Q 的取值可以明显比 CRC 中的取值大。

5.3　实 验 验 证

为了验证 OSRC 方案的有效性，在不同负载情况下分别对 CRC 控制器、FPLC-RC 控制器和 OSRC 控制器进行对比实验。实验平台由逆变器、数据采集卡 (Quanser QPIDe) 和一台装有 QuaRC 与 MATLAB/Simulink 软件的电脑组成。

在 OSRC 控制器中，可选取的范围为 $\overline{m}=7$，$\underline{m}=1$，$\overline{M}=6$ 和 $\underline{M}=1$。表 5.2 给出了不同 k_{r} 的最优切换参数，可以看出较大的 k_{r} 会使稳定裕度变差，但较小的 k_{r} 将导致收敛时间更长，为了权衡动态响应和跟踪精度，选取 $k_{\mathrm{r}}=1$。则从表 5.2 可知，当 $k_{\mathrm{r}}=1$ 时，最优的 $\alpha=\beta=1$。从图 5.4 可以看出，$|1-z^{m_1}P(z)|=1.08$，$|1-z^{m_2}P(z)|=1.21$ 和 $\left| \prod_{j=1}^{\alpha+\beta} G[f(j)] \right|_{\infty}^{\frac{1}{\alpha+\beta}} =1.005$。由于 $\alpha+\beta=2$，根据公式 (5.11)，OSRC 中 $Q_{\max}=1/1.005 \approx 0.995$。为了确保系统的鲁棒性，选择 $Q=0.95$。在 CRC 控制器中，将补偿器 $G_{\mathrm{f}}(z)$ 设计为 $G_{\mathrm{f}}=z^{m_1}=z^5$ 和 $G_{\mathrm{f}}=z^{m_2}=z^4$ 进行比较。超前拍数为 m_1 时，CRC 选择 $Q=0.87$(此时，$Q_{\max}=0.92$)；超前拍数为 m_2 时，CRC 选择 $Q=0.80$(此时，$Q_{\max}=0.82$)。在 FPLC-RC 控制器中，实验中采用的分数补偿器是 $G_{\mathrm{f}}=0.0117z^2 - 0.0977z^3 + 0.5859z^4 + 0.5859z^5 - 0.0977z^6 + 0.0117z^7 \approx z^{4.5}$，$Q=0.92$。

为了实现 OSRC 方案，除了反馈信号 $U_{\mathrm{o}}(z)$ 外，还需要在控制器中采用循环计数器来获取参考信号周期序列号 j。循环计数器的计数间隔为参考信号周期 T_{ref}，计数器的输出是当前周期序列号 j，满足 $0 \leqslant j < \alpha+\beta$。当 $0 \leqslant j < \alpha$ 时，相位补偿器 $G_{\mathrm{f}}(z)=z^{m_1}$；当 $\alpha \leqslant j < \alpha+\beta$ 时，相位补偿器 $G_{\mathrm{f}}(z)=z^{m_2}$。循环计数器工作示意图如图 5.5 所示。其中 x 横轴是时间，y 纵轴是计数器的输出。

表 5.3 中给出了空载和线性负载条件下的实验结果。与非线性负载下的结果相似，THD 和 e(RMS) 的值表明 OSRC 可以提高谐波衰减程度并提高跟踪精度。

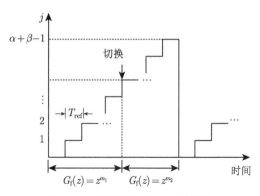

图 5.5 循环计数器工作示意图

表 5.3 不同负载下的实验结果

	控制器	THD	e(RMS)	收敛时间/ms
	无 RC	5.68	9.94	20
	CRC ($G_f(z)=z^{m_1}=z^5$)	2.83	1.65	20
空载	CRC ($G_f(z)=z^{m_2}=z^4$)	2.93	1.76	20
	OSRC	2.40	1.45	20
	FPLC-RC	2.65	1.57	20
	无 RC	4.77	8.88	20
	CRC ($G_f(z)=z^{m_1}=z^5$)	2.63	1.57	20
线性负载	CRC ($G_f(z)=z^{m_2}=z^4$)	2.70	1.61	20
	OSRC	2.26	1.29	20
	FPLC-RC	2.44	1.51	20

在图 5.6~图 5.9 中，U_o 是输出电压，I_o 是输出电流，e 是跟踪误差，e(RMS) 是跟踪误差 e 的均方根值。

图 5.6(a) 给出在非线性负载情况下，没有 RC 控制器的系统输出电压。可以看出跟踪误差非常大，表明谐波失真非常严重。图 5.6(b) 是补偿器 $G_f(z)=z^{m_1}=z^5$ 的 CRC 控制的逆变器输出电压。显然，CRC 控制器可以显著降低跟踪误差并有效地衰减谐波。图 5.6(c) 是补偿器 $G_f(z)=z^{m_2}=z^4$ 的 CRC 控制器的稳态响应，同样，CRC 有效地提高了系统的跟踪性能。

图 5.7(a) 是 OSRC 控制器在非线性负载下的响应，与 CRC 相比，THD 值和跟踪误差更小。FPLC-RC 的实验结果如图 5.7(b) 所示，分数超前补偿器效果比 CRC 好，但由于引入了近似误差，效果没有 OSRC 好。

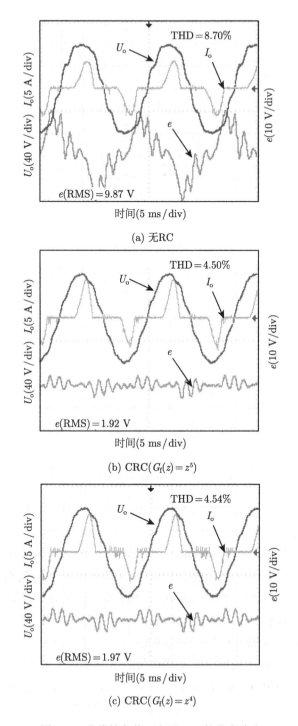

(a) 无RC

(b) CRC($G_f(z) = z^5$)

(c) CRC($G_f(z) = z^4$)

图 5.6　非线性负载下有无 RC 的稳态响应

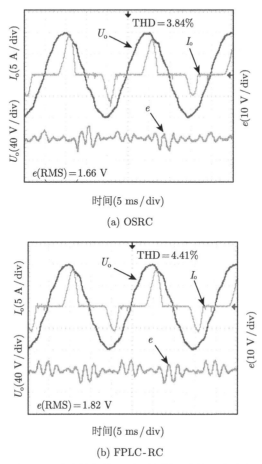

(a) OSRC

(b) FPLC-RC

图 5.7　非线性负载下不同控制方法的稳态响应

　　为了验证 OSRC 的误差收敛性能，在非线性负载情况下，逆变器首先工作在无 RC 的情况，当有触发信号时，系统中加入 RC。图 5.8 显示了采用不同控制器的误差收敛响应情况。从图 5.8(a)~(c) 和 (e) 可以看出，OSRC 控制器的收敛时间与 CRC 控制器和 FPLC-RC 控制器的收敛时间相同。类似地，表 5.3 同样说明 OSRC 控制器在不同负载条件下可以实现与其他控制器相同的收敛时间。图 5.8(d)~(f) 对 k_r 取不同值进行了对比，可以看出较小的 k_r 将导致系统的收敛时间较长，而较大的 k_r 可能导致系统振荡。

　　图 5.9 是 OSRC 在应对空载与 100Ω 电阻负载之间切换时的动态响应图。可以看出 OSRC 控制器可以在大约 20ms(即参考信号的一个周期) 内达到稳定状态。

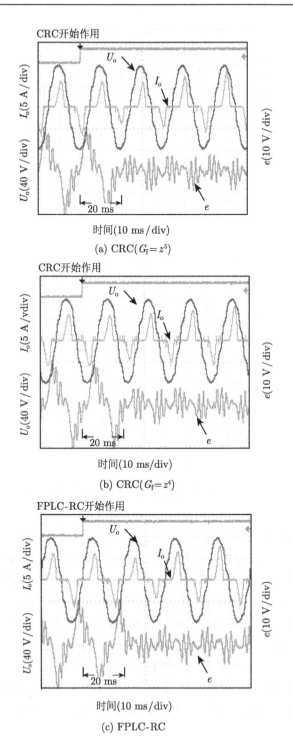

(a) CRC($G_f = z^5$)

(b) CRC($G_f = z^4$)

(c) FPLC-RC

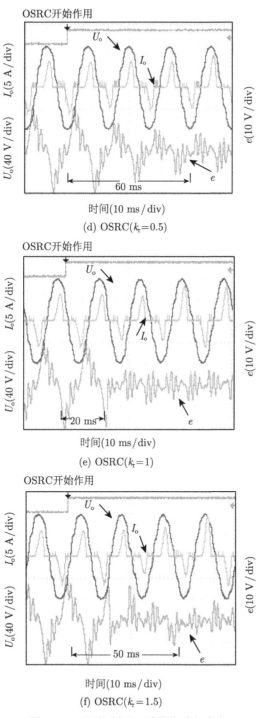

(d) OSRC($k_r=0.5$)

(e) OSRC($k_r=1$)

(f) OSRC($k_r=1.5$)

图 5.8 不同控制器下系统的瞬态响应

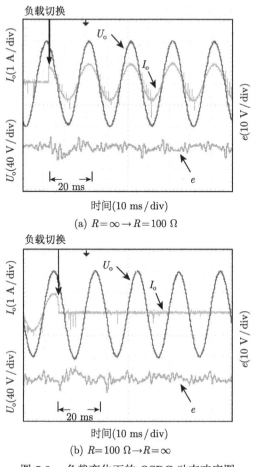

(a) $R=\infty \to R=100\ \Omega$

(b) $R=100\ \Omega \to R=\infty$

图 5.9　负载变化下的 OSRC 动态响应图

5.4　本章小结

RC 具有高精度跟踪特性，但其中的延时内模环节需要占用较多的内存。为了降低硬件成本和开关损耗，可以降低采样频率。然而低的采样频率，不利于相位的精确补偿。本章提出的 OSRC 方案，可以提高稳定性和跟踪精度。在 OSRC 中，采用了一种新型的切换整数相位超前补偿器来补偿系统的相位滞后，增大了系统的稳定裕度。通过实验证明了 OSRC 在稳定性和跟踪精度之间可以取得更好的平衡。虽然本章的验证对象是 CVCF PWM 逆变器，但该策略同样可以应用到低采样率的并网逆变器上。

第 6 章 基于循环采样的变相位超前补偿重复控制

RC 的内模中存在固有的延时环节,因此需要较大的内存来存储延时内模环路中的计算变量,这会显著增加硬件成本。为了减少存储空间的占用,文献 [88] 提出了低采样重复控制方案 (down-sampling repetitive control,DSRC)。在 DSRC 控制方案中,RC 的采样率远低于反馈控制器,减少了存储空间的消耗和计算负担。但是,低采样率衰减了控制性能,损害了跟踪精度。为提升低采样率重复控制的性能,第 4 章采用基于 FIR 滤波器的 FPLC-RC 策略,但同样增加了计算负担。因此,本章提出了循环重复控制 (cyclic repetitive control,CYRC) 策略[89]。CYRC 与 DSRC 等方案相比,具有需要更少的存储空间、更大的 Q 值、更高的跟踪精度和更好的稳态性能。根据参考信号的周期特性,CYRC 在每个循环周期移动采样点,即使在低采样频率下也能采集到更多的数据信息。本质上,循环采样策略可以提供精准的分数阶相位超前补偿并扩大稳定裕度。本章将详细给出 CYRC 的稳定性分析过程,并且给出在不同负载条件下各控制算法的对比实验,证明所提出的 CYRC 方案的有效性。

6.1 循环采样重复控制

6.1.1 循环采样方案

图 6.1给出了 CYRC 方案的系统框图。其中 $F_1(z)$ 和 $F_2(z)$ 分别表示抗混叠滤波器和抗镜像滤波器,$G_C(z)$ 是采样周期为 T_s 的反馈控制器,$G_{CYRC}(z_\gamma)$ 是采样周期为 T_{rc} 的 CYRC 控制器,$U_{rc}(z_\gamma)$ 和 $U(z)$ 分别是 CYRC 控制器和反馈控制器的输出。整数 γ 是反馈控制器和 CYRC 控制器之间的采样率比值,满足

$$\gamma = \frac{T_{rc}}{T_s}; \qquad z_\gamma = e^{sT_{rc}} = e^{\gamma sT_s} = z^\gamma \tag{6.1}$$

根据图 6.1,系统的输出可以表示为

$$U_0(z) = [F_2(z)U_{rc}(z) + U_{ref}(z)]\,G_C(z)G_P(z) + D(z)G_P(z)$$

$$= G_P(z)\{[F_2(z)U_{rc}(z) + U_{ref}(z)]G_C(z) + D(z)\} \tag{6.2}$$

式中的 $G_C(z)$ 可以表示各种反馈控制方案，如当 $G_C(z)=1$ 时，表示直接重复控制方案。

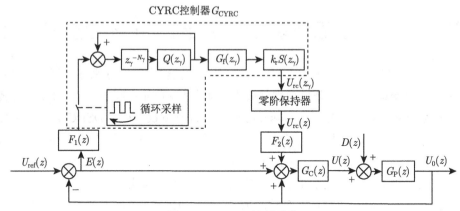

图 6.1　CYRC 控制系统

图 6.2(a) 给出了 DSRC 采样点示意图。从图中可以看出，反馈控制器采样点和 DSRC 控制器采样点表示在一个参考信号周期中两个控制器的各自采样时刻。j 表示当前参考信号周期的序号。在每个循环周期中，DSRC 控制器中需要存储的误差数据是 N_γ 个，数据量仅是传统 RC 控制器中的 $1/\gamma$。因此，DSRC 方案能够明显节省存储空间并降低硬件成本。从图中还可以看出，DSRC 控制器的采样点在每个循环周期内保持不变，这意味着与反馈控制器相比，DSRC 控制器使用的误差信息是不完整的。而且 γ 的值越大，获取的信息越少，稳定性和跟踪精度也越差。然而，由于参考信号的周期特性，在低采样率下，可以通过循环采样方法获取更多的信息。

循环采样方法如图 6.2(b) 所示。在第 j 个周期，CYRC 在 k 时刻对误差 $E(z)$ 进行采样，并在同一时刻更新输出，同一周期的下一个采样和更新时刻为 $(k+T_{rc})$。在第 $j+1$ 个周期，输出也在 k 时刻更新，而误差信号在 $(k+T_s)$ 时刻采样，下次更新和采样时刻分别是 $(k+T_{rc})$ 和 $(k+T_{rc}+T_s)$。$G_{CYRC}(z_\gamma)$ 的采样点的相对位置随着参考信号周期序号的增加而循环，但输出点的相对位置保持不变。

事实上，采样点的移动可以提供分数相位超前补偿。例如，CYRC 控制器在第 j 个周期采样的误差数据为 $\tilde{E}(z_\gamma)$，对应的低采样信号是 $F_1(z)E(z)$。从图 6.2(b) 可以看出，CYRC 控制器在第 $(j+1)$ 个周期使用的误差数据向前移动了 T_s，即 $G_{CYRC}(z_\gamma)$ 的输入是 $z\tilde{E}(z_\gamma)$，其中 z 代表采样点的前向移动。根据公式 (6.1) 中 z^γ 和 z_γ 之间的关系，即 $z=z_\gamma^{1/\gamma}$，第 $(j+1)$ 次循环中 CYRC 的输入可以改写

为 $z_\gamma^{1/\gamma}\tilde{E}(z_\gamma)$，这表明循环采样策略可以提供循环变化的分数相位超前补偿。

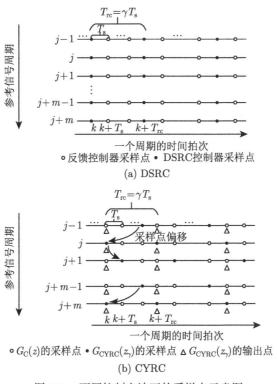

图 6.2 不同控制方法下的采样点示意图

不同于第 4 章采用的分数相位超前补偿是通过 FIR 滤波器近似实现，CYRC 中的分数相位超前补偿是根据真实的采样点精确实现的。因此，CYRC 可以获得精确的分数阶补偿。注意，采样点是随着时间循环的，这使得相位超前补偿实际上是时变补偿，CYRC 控制器是一个线性时变控制器。然而，该控制器在一个周期内是一个线性时不变控制器，第 j 个周期的传递函数可以写为

$$G_{\text{CYRC}}^j(z_\gamma) = k_\text{r}\frac{z_\gamma^{f(j)}G_\text{f}(z_\gamma)Q(z_\gamma)S(z_\gamma)z_\gamma^{-N_\gamma}}{1 - Q(z_\gamma)z_\gamma^{-N_\gamma}} \tag{6.3}$$

其中，$f(j)=[(j-1)\bmod\gamma]/\gamma(j=1,2,3,\cdots,N)$，$\bmod$ 表示取模运算符，$(j-1)\bmod\gamma$ 表示 $(j-1)$ 除以 γ 的余数。

6.1.2 稳定性分析

图 6.1 给出了 CYRC 的控制系统，它本质上是一个多采样率系统。首先，将系统转换为采样周期为 T_{rc} 的单采样率等效系统，以减少分析难度。注意，抗混

叠滤波器 $F_1(z)$ 和抗镜像滤波器 $F_2(z)$ 的相位滞后可以通过滤波器 $G_f(z_\gamma)$ 进行补偿。CYRC 控制系统在第 j 个周期中的等效系统可以表示成

$$\begin{cases} U_0(z_\gamma) = G_P(z_\gamma)[D(z_\gamma) + U(z_\gamma)] \\ U(z_\gamma) = G_C(z_\gamma)[U_{rc}(z_\gamma) + U_{ref}(z_\gamma)] \\ U_{rc}(z_\gamma) = E(z_\gamma)G_{CYRC}^j(z_\gamma) \\ E(z_\gamma) = U_{ref}(z_\gamma) - U_0(z_\gamma) \end{cases} \tag{6.4}$$

其中，$G_C(z_\gamma)$ 和 $G_P(z_\gamma)$ 分别是 $G_C(z)$ 和 $G_P(z)$ 对应的低采样率传递函数。

基于公式 (6.3) 和公式 (6.4)，CYRC 控制器 $G_{CYRC}^j(z_\gamma)$ 的跟踪误差可表示为

$$\begin{aligned} E(z_\gamma) =& U_{ref}(z_\gamma) - U_0(z_\gamma) \\ =& U_{ref}(z_\gamma) - G_P(z_\gamma)\{D(z_\gamma) + G_C(z_\gamma)[U_{rc}(z_\gamma) + U_{ref}(z_\gamma)]\} \\ =& \frac{[1 - P(z_\gamma)]U_{ref}(z_\gamma) - G_P(z_\gamma)D(z_\gamma)}{1 + P(z_\gamma)G_{CYRC}^j(z_\gamma)} \\ =& \frac{[1 - Q(z_\gamma)z^{-N_\gamma}]d(z_\gamma)}{1 - Q(z_\gamma)z^{-N_\gamma}[1 - k_r z_\gamma^{f(j)}G_f(z_\gamma)S(z_\gamma)P(z_\gamma)]} \\ =& \frac{M(z_\gamma)d(z_\gamma)}{1 - Q(z_\gamma)z^{-N_\gamma}G[f(j), z_\gamma]} \end{aligned} \tag{6.5}$$

其中，$P(z_\gamma) = G_C(z_\gamma)G_P(z_\gamma)$，$d(z_\gamma) = [1 - P(z_\gamma)]U_{ref}(z_\gamma) - G_P(z_\gamma)D(z_\gamma)$，$M(z_\gamma) = 1 - Q(z_\gamma)z^{-N_\gamma}$。实际上，$d(z_\gamma)$ 是没有 CYRC 控制器时系统的跟踪误差，即 $k_r = 0$ 或 $Q(z_\gamma) = 0$ 时的跟踪误差。

时变函数 $f(j)$ 是周期为 γT_{ref} 的周期函数，即 $f(j) = f(j - \gamma)$。而且，参考信号的周期 T_{ref} 比逆变器的暂态时间长得多[87]。因此，公式 (6.5) 可以表示为从一个周期到下一个周期的频率传递函数的形式

$$\begin{aligned} E(z_\gamma) =& z_\gamma^{-N_\gamma}Q(z_\gamma)G[f(j), z_\gamma]E(z_\gamma) + M(z_\gamma)d(z_\gamma) \\ =& z_\gamma^{-N_\gamma}Q(z_\gamma)G[f(j), z_\gamma]\{z_\gamma^{-N_\gamma}Q(z_\gamma)G[f(j-1), z_\gamma]E(z_\gamma) \\ & + M(z_\gamma)d(z_\gamma)\} + M(z_\gamma)d(z_\gamma) \\ & \cdots \\ =& z_\gamma^{-\gamma N_\gamma}Q^\gamma(z_\gamma)\prod_{j=1}^{\gamma}G[f(j), z_\gamma]E(z_\gamma) \end{aligned}$$

$$+ M(z_\gamma) \left\{ 1 + \sum_{j=1}^{\gamma-1} \{ z_\gamma^{-jN_\gamma} Q^j(z_\gamma) \prod_{k=1}^{j} G[f(k), z_\gamma] \} \right\} d(z_\gamma) \tag{6.6}$$

根据式 (6.6)，跟踪误差可以写成

$$E(z_\gamma) = \frac{M(z_\gamma) \left\{ 1 + \sum_{j=1}^{\gamma-1} \{ z_\gamma^{-jN_\gamma} Q^j(z_\gamma) \prod_{k=1}^{j} G[f(k), z_\gamma] \} \right\}}{1 - z_\gamma^{-\gamma N_\gamma} Q^\gamma(z_\gamma) \prod_{j=1}^{\gamma} G[f(j), z_\gamma]} d(z_\gamma) \tag{6.7}$$

注意 $d(z_\gamma)$ 包含 $P(z_\gamma)$ 的所有极点，因此，$P(z_\gamma)$ 必须稳定才能保证整个系统的稳定。此外，根据闭环传递函数 (6.7) 和小增益原理，稳定性的充分条件是 $\left| Q^\gamma(z_\gamma) \prod_{j=1}^{\gamma} G[f(j), z_\gamma] \right| < 1$。

因此，闭环控制系统的稳定条件为

① $P(z_\gamma)$ 是稳定的；

②

$$\left| Q^\gamma(z_\gamma) \prod_{j=1}^{\gamma} G[f(j), z_\gamma] \right| < 1 \tag{6.8}$$

其中，$G[f(j), z_\gamma] = 1 - k_{\mathrm{r}} z_\gamma^{f(j)} G_{\mathrm{f}}(z_\gamma) S(z_\gamma) P(z_\gamma)$。

注 1：与 OSRC 的稳定条件式 (5.6) 一样，公式 (6.8) 也是一个工程意义上的稳定条件。DSRC 的稳定条件①如常规重复控制的稳定条件公式。CRC 稳定性公式 $|Q(z)[1 - k_{\mathrm{r}} z^m S(z) P(z)]| < 1$ 的不等号左边项是 CYRC 稳定性判据公式 (6.8) 左边项中的一个乘法项，这意味着在 CYRC 中违反 CRC 稳定性公式是可接受的。也就是说，每 γ 次重复中，即使有几次出现不满足公式 (2.17) 的情况，但仍然可以满足公式 (6.8)。第 4 章已经证明，在低采样频率下，可以通过分数相位超前补偿器更有效地补偿系统的相位滞后。因此，可以推断出 CYRC 的稳定区域会比 DSRC 的稳定区域宽得多。

注 2：从公式 (6.7) 可知，当 $Q(z_\gamma) = 1$ 时，在重复频率处 $(1 - z_\gamma^{-N_\gamma} = 0$ 的根对应的频率)，跟踪误差可以被完全消除。在 DSRC 中，以跟踪性能为代价，$Q(z_\gamma)$ 的幅度必须较小以保持系统稳定性。然而，由于 CYRC 的稳定区域更宽，因此允许更大的 $Q(z_\gamma)$ 值以提高跟踪精度。

注 3：过采样方法可以有效提高采样系统的信噪比，因此，CYRC 中采样率降低的副作用是信噪比降低。此外，根据奈奎斯特采样定理，频率高于 π/T_{rc} 的干扰和噪声会导致信号混叠。因此，与文献 [88] 中提出的 DSRC 方案类似，在 CYRC 方案中使用了抗混叠滤波器和抗镜像滤波器，以减少混叠和镜像的负面影响。然而，与 CRC 相比，CYRC 控制器的带宽有限，这不可避免地降低谐波抑制性能，尤其是在高频区域。此外，类似于 CRC，其频率不在重复频率上的干扰和噪声将显著影响 CYRC 的闭环性能。根据伯德积分定理，重复频率下的性能增强将导致其他频率下的性能下降[90]。因此，$d(z_\gamma)$ 中频率不在重复频率处的成分会增加相应频率处的跟踪误差。

6.1.3 循环重复控制实现

图 6.3为 CYRC 方案的流程图，其中虚线内是 CYRC 的核心部分。一些细节解释如下：

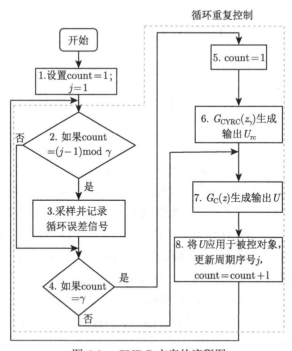

图 6.3   CYRC 方案的流程图

(1) 变量 count 和 j 分别用于标记当前采样点的偏移和记录当前参考信号周期序号；

(2) 当变量 count 等于 $(j-1) \bmod \gamma$ 时，对误差信号进行采样，更新存储空

间中的误差数据, 否则误差数据在存储空间中将保持不变;

(3) 当变量 count 等于 γ 时, 生成 CYRC 控制器 $G_{\mathrm{CYRC}}(z_\gamma)$ 的输出并更新存储空间中的输出数据。此外, 变量 count 需要重置以满足 $1 \leqslant \mathrm{count} \leqslant \gamma$;

(4) 反馈控制器 $G_{\mathrm{C}}(z)$ 使用参考信号 u_{ref} 和存储空间中 CYRC 控制器输出信号 u_{rc} 来生成控制输出 U;

(5) 控制输出 U 应用于被控对象, 此外, 更新变量 count 和 j 以分别循环采样点和记录当前参考信号周期序号。

6.2 循环重复控制设计

CVCF PWM 逆变器的模型如图 1.2 所示, 表 6.1 是逆变器系统的参数。图 6.1 中的控制器 $G_{\mathrm{C}}(z)=1$ 以实现直接 RC 控制方案, $P(z_\gamma)$ 的离散传递函数可以推导为

$$P(z_\gamma) = G_{\mathrm{C}}(z_\gamma)G_{\mathrm{P}}(z_\gamma) = \frac{1.893z_\gamma + 1.878}{z_\gamma^2 + 1.789z_\gamma + 0.9819} \tag{6.9}$$

表 6.1 实验参数

参数	值
直流母线电压 E_{dc}	100 V
电感 L	2.2 mH
电容 C	10 μF
电阻 R	100 Ω
整流电感 L_{r}	2.2 mH
整流电容 C_{r}	4700 μF
整流电阻 R_{r}	0.5 Ω
电感等效电阻 r	100 Ω
采样周期 T_{s}	1×10^{-4} s
采样率比值 γ	4
开关频率 f_{sw}	10 kHz
参考电压 $U_{\mathrm{ref}}(t)$	$80\sin(100\pi t)$ V

为了确保系统的稳定性和鲁棒性, $\left| Q^\gamma(z_\gamma) \prod_{j=1}^{\gamma} G[f(j), z_\gamma] \right|$ 的取值应尽可能小。为简单起见, $Q(z_\gamma)$ 取常数 Q。基于以上分析, 需要设计的参数有: 抗混叠滤波器 $F_1(z)$、抗镜像滤波器 $F_2(z)$、滤波器 $S(z_\gamma)$、补偿器 $G_{\mathrm{f}}(z_\gamma)$、滤波器 Q 和增益 k_{r}。

1. $F_1(z)$ 和 $F_2(z)$ 的设计

为了防止频谱失真, 需要实现抗混叠滤波器和抗镜像滤波器, 并且这些滤波器的带宽应该是 CYRC 控制器的奈奎斯特频率 π/T_{rc}。$F_1(z)$ 和 $F_2(z)$ 被设计为

零相位低通滤波器，以提供无相位失真的低通特性，根据式 (2.15)，滤波器传递函数可以写为

$$F_1(z) = F_2(z) = z^r \left\{ \alpha_0 z^{-r} + \sum_{i=1}^{r} \alpha_i (z^{i-r} + z^{-i-r}) \right\} \tag{6.10}$$

虽然 $F_1(z)$ 和 $F_2(z)$ 是非因果滤波器，但当 $r=k\gamma(k=1,2,3,\cdots,N)$ 时，非因果项 z^r 可以完全合并到 CYRC 中的相位超前补偿器 $G_f(z_\gamma)$ 中。本章将 $F_1(z)$ 和 $F_2(z)$ 设计为 $F_1(z)=F_2(z)=z^4(0.0191z^{-1} + 0.1019z^{-2} + 0.2309z^{-3} + 0.2963z^{-4} + 0.2309z^{-5} + 0.1019z^{-6} + 0.0191z^{-7})$。

2. $S(z_\gamma)$ 的设计

和公式 (5.7) 一样，滤波器 $S(z_\gamma)$ 是陷波滤波器 $S_1(z_\gamma)$ 和低通滤波器 $S_2(z_\gamma)$ 的组合。$S(z_\gamma)$ 可以表示为

$$\begin{aligned} S(z_\gamma) &= S_1(z_\gamma)S_2(z_\gamma) \\ &= \frac{z_\gamma + 2 + z_\gamma^{-1}}{4} \frac{0.4448z_\gamma + 0.1614}{z_\gamma^2 - 0.4427z_\gamma + 0.049} \end{aligned} \tag{6.11}$$

其中，$S_2(z_\gamma)$ 是巴特沃思低通滤波器，其转折角频率为 3770rad/s，阻尼比为 1。

3. $G_f(z_\gamma)$ 的设计

$G_f(z_\gamma)$ 是整数线性相位超前补偿器，即 $G_f(z_\gamma)=z_\gamma^m$。当 $k_r=1$ 时，不同超前拍数下 $|1 - k_r z_\gamma^m S(z_\gamma)P(z_\gamma)|$ 的幅频特性如图 6.4所示。可以看出当 $m=1$、2 和 3 时，$|1 - k_r z_\gamma^m S(z_\gamma)P(z_\gamma)|_{\max}$ 的值分别为 1.70、1.18 和 1.23。根据稳定条件公式 (6.8)，更小的 $|1 - k_r z_\gamma^m S(z_\gamma)P(z_\gamma)|_{\max}$ 值可以获得更大的 Q 值，从而减少跟踪误差。因此，选择超前拍数 $m=2$，即

$$G_f(z_\gamma) = z_\gamma^2 \tag{6.12}$$

4. Q 的设计

在 DSRC 中，为了保持系统稳定，Q 需要满足 $Q < Q_{\max}=1/|1 - k_r z_\gamma^m S(z_\gamma)P(z_\gamma)|_{\max}$。因此，当 $G_f(z_\gamma)=z_\gamma^2$ 时，$Q_{\max}=1/1.18\approx0.85$；当 $G_f(z_\gamma)=z_\gamma^3$ 时，$Q_{\max}=1/1.23\approx0.81$。在 CYRC 中，采用多次乘法和分数阶线性相位补偿，可以增大系统的稳定裕度，从而使 Q 值更大，跟踪误差更小。$|G[f(j), z_\gamma]|$ 和 $\left|\prod_{j=1}^{m} G[f(j), z_\gamma]\right|$ 的曲线如图 6.5所示，为了确保整个系统的稳定性，Q 需要满足 $Q < 1 \Big/ \left|\prod_{j=1}^{\gamma} G[f(j), z_\gamma]\right|_{\max}^{1/\gamma}$。

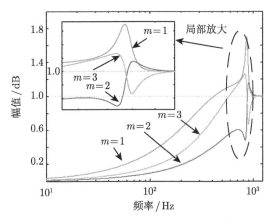

图 6.4　不同 m 下 $|1 - k_{\mathrm{r}} z_\gamma^m S(z_\gamma) P(z_\gamma)|$ 的幅频特性

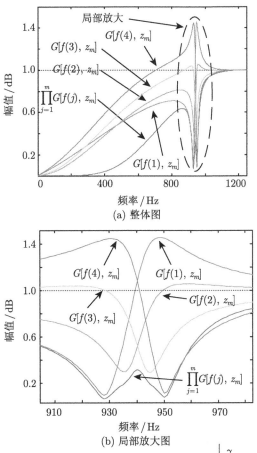

(a) 整体图

(b) 局部放大图

图 6.5　CYRC 控制中 $\gamma{=}4$ 时的 $|G[f(j), z_\gamma]|$ 和 $\left|\prod\limits_{j=1}^{\gamma} G[f(j), z_\gamma]\right|$

从图 6.5 中可以看出，$\left|\prod\limits_{j=1}^{\gamma} G[f(j), z_\gamma]\right|_{\max} = 1.04$，$Q_{\max} = (1/1.04)^{1/4} = 0.99$。与 DSRC 相比，CYRC 可以采用更大的 Q 值，跟踪精度可以显著提高。这里，为了保证系统的鲁棒性和稳定性，CYRC 控制器中选取 $Q = 0.95$。

需要注意的是，由于 $\left|\prod\limits_{j=1}^{\gamma} G[f(j), z_\gamma]\right|$ 的表达式中含有分数阶项，所以它的频率响应图可能难以绘制。事实上，根据式 (6.1) 中 z_γ 和 z 之间的关系，分数阶表达式 $G[f(j), z_\gamma]$ 可以转换为整数阶传递函数 $G[f_z(j), \gamma] = 1 - k_r z^{f_z(j)} G_f(z) S(z) P(z)$，其中 $f_z(j) = (j-1) \bmod \gamma$。在角频率 $0 \leqslant \omega \leqslant \pi/T_{rc}$ 中，$G[f_z(j), z]$ 和 $G[f(j), z_\gamma]$ 的频率响应相同。因此，$\left|\prod\limits_{j=1}^{\gamma} G[f(j), z_\gamma]\right|$ 的频率响应可以通过 $G[f_z(j), z]$ 获得。

5. k_r 的设计

图 6.6 给出了 k_r 取不同值时 $\left|\prod\limits_{j=1}^{\gamma} G[f(j), z_\gamma]\right|$ 的幅频响应图。可以看出，$k_r = 1.0$ 时具有较好的稳定裕度，因此，选取 $k_r = 1$。

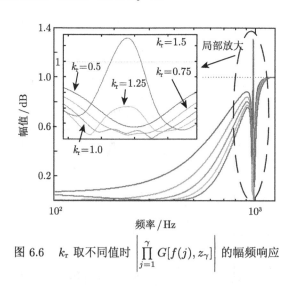

图 6.6　k_r 取不同值时 $\left|\prod\limits_{j=1}^{\gamma} G[f(j), z_\gamma]\right|$ 的幅频响应

6.3　实 验 验 证

为了验证所提出方案的有效性，分别在不同负载下对 CRC 控制器、DSRC 控制器、FPLC-RC 控制器和 CYRC 控制器进行对比实验。为了实现所提出的方

案，应用计时器 T_A 对图 6.3中的变量 count 进行计数，T_A 的计数率为 $1/T_s$。类似地，另一个计时器 T_B 对当前周期进行计数，即图 6.3中的变量 j。因此，T_B 的计数率为 $1/T_{ref}$。CYRC 控制器可以由 T_A 和 T_B 根据图 6.3中给出的方案触发，以采样误差信号或生成控制器输出。

在 CRC 控制系统中，控制器参数设计为 $k_r=1$，$Q=0.95$，$G_f(z)=z^6$，$S(z)=[(z^5+2+z^{-5})(0.186z+0.11)]/[4(z^2-0.9119z+0.2079)]$。除了 Q 和 $G_f(z_\gamma)$，DSRC 控制器、FPLC-RC 控制器和 CYRC 控制器实验所用的参数相同。DSRC 中 Q 设计为 $Q=0.8$，采用不同的补偿器 $G_f(z_\gamma)=z_\gamma^2$ 和 $G_f(z_\gamma)=z_\gamma^3$ 进行比较。FPLC-RC 中 Q 设计为 $Q=0.9$，补偿器设计为 $G_f(z_\gamma)=0.0117-0.0977z_\gamma+0.5859z_\gamma^2+0.5859z_\gamma^3-0.0977z_\gamma^4+0.0117z_\gamma^5 \approx z_\gamma^{2.5}$。

一般来说，CYRC 可以显著提高跟踪精度并减少存储空间的消耗。假设控制器中的数据类型为 32 位浮点型，CRC、DSRC、FPLC-RC 和 CYRC 对存储空间的消耗分别为 1612 字节、412 字节、436 字节和 412 字节，即 CYRC 中的存储空间消耗仅为 CRC 中的 25% 左右。

图 6.7(a) 显示了非线性负载下的无 RC 控制器的稳态响应图。显然，输出电压被谐波污染严重，其 THD 为 6.95%，这在实际中是不可接受的。非线性负载下的有 RC 稳态响应图如图 6.7(b) 所示，CRC 控制器可以显著抑制谐波失真。非线性负载下，具有不同 γ 的 DSRC 控制器响应如图 6.8所示，DSRC 控制器也可以减少谐波失真。但 DSRC 中 Q 的低幅值，导致了比 CRC 更大的 THD 值。FPLC-RC 控制系统的响应如图 6.9(a) 所示，通过分数阶相位超前补偿，可以采用更大的 Q 值，并且跟踪性能优于 DSRC 控制器。但是，由于 FPLC-RC 中 FIR 滤波器的近似误差，在实际中不能选取较大的 Q 值。CYRC 的稳态响应如图 6.9(b) 所示，与 DSRC 相比，CYRC 中可以选取较大的 Q 值，可以明显提高跟踪性能。

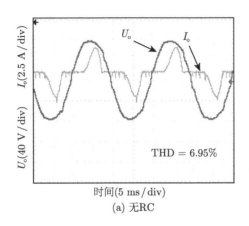

(a) 无RC

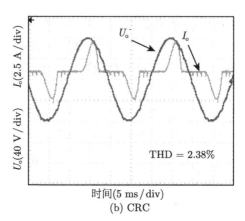

时间(5 ms／div)

(b) CRC

图 6.7　非线性负载下的有无 RC 的稳态响应

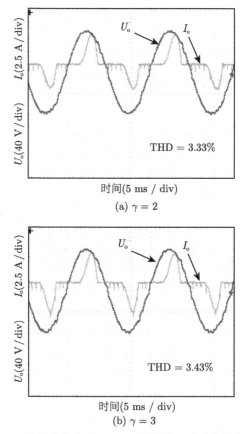

图 6.8　非线性负载下 DSRC 在不同 γ 值时的稳态响应

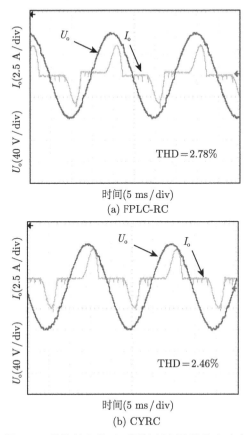

(a) FPLC-RC

(b) CYRC

图 6.9 非线性负载下不同控制方法的稳态响应

表 6.2 给出了不同控制器在不同负载下的稳态响应。同非线性负载下的结果一样，CYRC 控制器可以提供类似于 CRC 控制器的跟踪性能，而且仅占用 25% 的存储空间。

表 6.2 稳态响应

控制器	空载下的 THD/%	整流器负载下的 THD/%
无 RC	3.21	2.64
CRC	2.25	2.08
DSRC ($m=2$)	2.54	2.40
DSRC ($m=3$)	2.69	2.41
CYRC	2.28	2.12
FPLC-RC	2.40	2.21

为了验证所提出方案的误差收敛性能，逆变器首先在无负载无 RC 控制器的情况下工作，当有触发信号时，将 RC 加入到控制系统中。图 6.10显示了不同控

制器的误差收敛响应图。从图 6.10(a)～(d) 和 (f) 可以看出,这些控制器的收敛时间

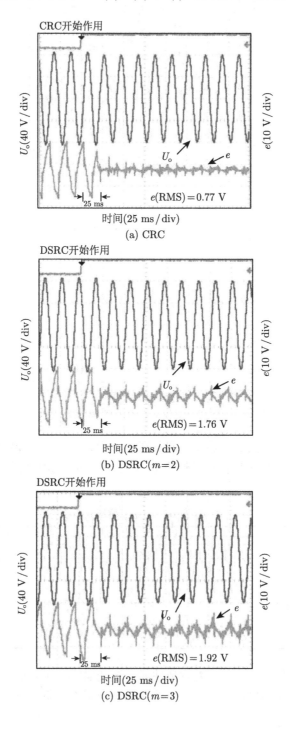

(a) CRC

(b) DSRC(m=2)

(c) DSRC(m=3)

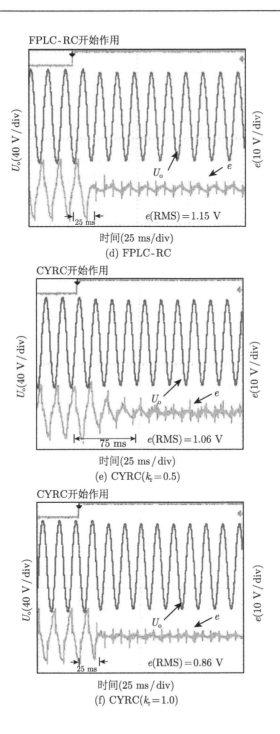

(d) FPLC-RC

(e) CYRC($k_r=0.5$)

(f) CYRC($k_r=1.0$)

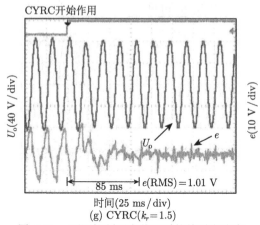

(g) CYRC(k_r=1.5)

图 6.10　不同控制器空载下系统的瞬态响应

相同。这些控制器的稳态误差也表明较大的 Q 可以明显降低跟踪误差。在 k_r=1 的情况下，CYRC 中的均方根误差仅为 DSRC 中的 48% 左右。从图 6.10(e)~(g) 可以看出，较低的 k_r 值将导致较长的收敛时间和较高的跟踪误差。但是，过大的 k_r 值也可能导致系统振荡。图 6.11显示了 CYRC 在应对空载与 100Ω 电阻负载之间切换时的动态响应图。可以看出，CYRC 控制器可以在大约 20ms(参考信号的一个周期) 内达到稳定。

以上实验结果都证明了所提出方案的有效性。只需要 $1/\gamma$ 的存储单元成本，CYRC 就可以实现与 CRC 几乎相同的跟踪精度。CYRC 的瞬态性能与 CRC 和 DSRC 相似。因此，CYRC 控制器是一种理想的低成本控制器，它可以很容易地与 CVCF PWM 逆变器系统的任何反馈控制器结合以实现高跟踪精度。

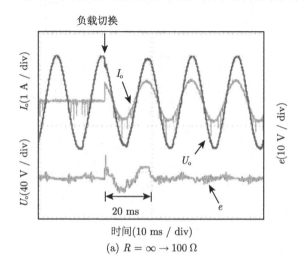

(a) $R = \infty \rightarrow 100\,\Omega$

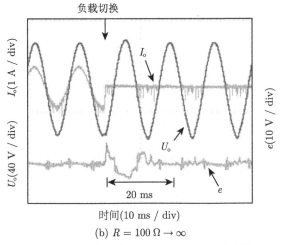

图 6.11　负载变化下的 CYRC 动态响应图

6.4　本 章 小 结

DSRC 与 CRC 相比，可以减少存储空间的消耗，但 DSRC 中的低采样率会降低整个系统的稳定性和跟踪精度，并增加了设计难度。本章提出了一种 CYRC 方案，可以提高跟踪精度，同时占用更少的存储空间。与 DSRC 相比，CYRC 中的分数相位超前补偿有助于整个系统稳定，重复控制增益更大，可以实现更高的跟踪精度，而且总存储空间的成本与 DSRC 相同。本章给出了详细的理论推导和稳定性分析过程，并在不同的负载情况下对不同的控制器进行了对比实验，结果验证了所提出方案的有效性。虽然本章的验证对象是 CVCF PWM 逆变器，但该方案同样可以应用到并网逆变器上。

第 7 章　采用 FIR 滤波器应对电网频率变化

传统理想重复控制的离散表达式为 $z^{-N}/(1-z^{-N})$，其中 N 一般取值为正整数。但在实际情况中经常出现 N 不是整数的情况，比如，某可编程交流电源中，采样频率为 10kHz，而电源频率在一定范围内可调，当电源频率为 60Hz 时，N=166.7，而传统 RC 中，N 只能取整数 166。微网中，采样频率固定的情况下，电网频率存在一定范围的波动，也会造成 N 不为整数的情况。显然，以上两种情况中，重复控制器提供高增益的频率与电源或电网基频及其整数倍频率（谐波频率处）不再吻合，即重复控制器不能在电网基频和谐波频率处提供无穷大增益，系统的无静差跟踪性和谐波抑制性能大大降低。因此，有必要研究当 N 为分数时重复控制器特性，从而保证重复控制器性能不被明显降低[91-95]。在电网频率变化时，本章将采用第 4 章介绍的基于 FIR 滤波器的分数延时方法，证明分数延时 PIMR（fractional delay PIMR，FD-PIMR）具有优秀的信号跟踪和谐波抑制能力。

7.1　FD-PIMR 控制器的分析

7.1.1　FD-PIMR 控制器的稳定性分析

第 4.3 节已经指出，延时 D 可以分离为整数部分 $\text{int}(D)$ 和分数部分 d。将分数部分的实现公式 (4.3) 和式 (4.10) 代入重复控制的传递函数公式 (3.10) 中，可得分数延时 RC 的传递函数 $G_{\text{FDrc}}(z)$ 为

$$G_{\text{FDrc}}(z) = \frac{Q(z)z^{-\text{int}(D)}\sum\limits_{n=0}^{M}h(n)z^{-n}}{1 - Q(z)z^{-\text{int}(D)}\sum\limits_{n=0}^{M}h(n)z^{-n}} \cdot z^m k_{\text{r}} S(z) \tag{7.1}$$

当 d=0 时，FDRC 变成 CRC。FDRC 提供一种可以跟踪或消除任意基波频率的周期参考信号或谐波信号的解决方案，其对应的控制框图如图 7.1所示。

由第 3 章可知，PIMR 控制系统的稳定条件有两个：① $1 + k_{\text{p}}P(z)$=0 的根在单位圆内；② $|1 + G_{\text{rc}}(z)P_0(z)| \neq 0$。显然，稳定条件①与 FD-PIMR 无关。当

FDRC 应用于 PIMR 时，稳定条件②可化简为

$$\left| Q(z)z^{-\mathrm{int}(D)}\sum_{n=0}^{M}h(n)z^{-n}[1-k_{\mathrm{r}}z^{m}k_{\mathrm{r}}S(z)P_{0}(z)] \right| < 1, \forall z = \mathrm{e}^{\mathrm{j}\omega T_{\mathrm{s}}}, \quad 0 < \omega < \pi/T_{\mathrm{s}} \tag{7.2}$$

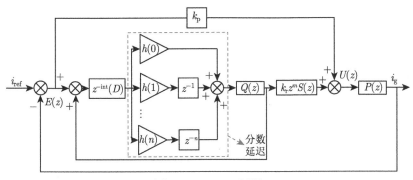

图 7.1　FDRC 框图

式 (7.2) 继续化简后，可得

$$|1 - k_{\mathrm{r}}z^{m}k_{\mathrm{r}}S(z)P_{0}(z)| < |Q(z)|^{-1}\left| z^{-\mathrm{int}(D)}\sum_{n=0}^{M}h(n)z^{-n} \right|^{-1} \tag{7.3}$$

在 FD 滤波器带宽内，$|z^{-\mathrm{int}(D)}\sum_{n=0}^{M}h(n)z^{-n}|^{-1} \to 1$，此时，FD-PIMR 系统的稳定条件 (7.3) 与采用 CRC 的 PIMR 系统的稳定条件相同。

当采样频率固定，而参考信号的频率变化时，RC 中延时拍数 N 将随之变化，并可能为分数。国际标准 IEEE Std. 1547—2018[31] 中规定，当并网点频率在 58.8~61.2Hz 范围之内时，允许分布式能源系统长期运行。我国也制定了分布式发电系统并网标准 Q/GDW 1480—2015[32]，其中关于入网电流的频率规定：对于通过 380V 电压等级并网的分布式电源，当并网点频率在 49.5~50.2Hz 范围之内时，分布式电源应能正常运行。通过更高等级电压直接接入公共电网时，分布式电源应具备更宽频率范围内运行的能力。因此，对于分布式发电系统来说，并网逆变器有必要能够适应 49.5~50.2Hz，甚至更宽频率范围的并网点频率波动。

7.1.2　电网频率变化时的 FD-PIMR 分析

表 7.1给出了采样频率为 10kHz 而电网频率在 49.5~50.5Hz 之间变化时，延时拍数 N 的值。由表可知，电网频率变化时，N 在 198~202 之间波动，且除了

49.5Hz、50Hz、50.5Hz 三个频率外其余频率都对应为分数延时。如果仅采用分数附近的整数来近似，显然引入了误差。因此，有必要采用分数延时技术减小这种误差，保证 RC 的效果。

表 7.1　电网频率变化时对应的 RC 延时拍数 N

频率/Hz	49.5	49.6	49.7	49.8	49.9	50	50.1	50.2	50.3	50.4	50.5
N	202	201.6	201.2	200.8	200.4	200	199.6	199.2	198.8	198.4	198

当采样频率固定为10kHz，电网频率在50±0.4Hz 范围内波动时，N 在200±1.6范围内变化，显然，N 可能为分数。CRC 在 $N=200$ 时的频率响应以及分数阶RC 分别在 $N=198.4$ 和 $N=201.6$ 时的频率响应如图 7.2所示。

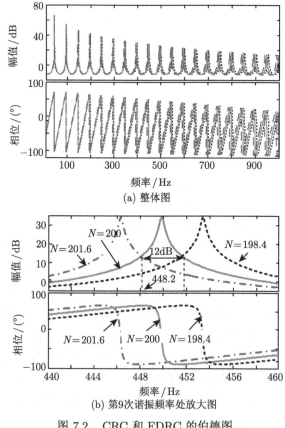

(a) 整体图

(b) 第9次谐振频率处放大图

图 7.2　CRC 和 FDRC 的伯德图

由图 7.2可知，CRC 和 FDRC 能够在它们的谐波频率处提供高增益，如 $50n$或 $(50\pm0.4)n\mathrm{Hz}(n=1,2,\cdots)$ 频率处。图 7.2 显示，当基波频率从 50Hz 变化到

50±0.4Hz 时，CRC 不能在 $(50\pm0.4)n$Hz$(n = 1, 2, \cdots)$ 处提供高增益，进而不能有效抑制这些频率处的谐波。对 CRC 而言，当电网频率波动到 49.8Hz 或 50.2Hz 时，9 次谐波频率（448.2Hz 或 451.8Hz）处的增益将由原来的 35dB 降为 12dB，显然，增益的降低将会减弱谐波的抑制效果。而分数阶 RC 在频率波动时能够将高增益峰对准各谐波频率，因此，其谐波抑制能力不会减弱。

7.2　实验验证

为了验证 PIMR 和 FD-PIMR 控制器在电网频率漂移时的性能，逆变器参数如表 3.1 所示。控制器参数如下：并联比例增益 k_p=19，RC 增益 k_r=16，内模滤波器 $Q(z)=(z + 2 + z^{-1})/4$，相位超前补偿拍数 m=9，补偿器 $S(z)$ 为四阶巴特沃思低通滤波器（截止频率 1kHz）。当电网频率变化时，N 可能变为分数。显然，由于 PIMR 的延时环节为整数延时，PIMR 为 FD-PIMR 的特例，因此在电网频率为 50Hz 时，PIMR 控制系统和 FD-PIMR 控制系统的输出电流波形没有区别。当 RC 的延时拍数 N=198.4 和 N=201.6 时，通过实验，验证 PIMR 控制和 FD-PIMR 控制的特性。

由图 7.3 和图 7.4 可得，采用 FD-PIMR 控制系统的输出电流 THD 值减小，电流质量明显好于 PIMR 控制系统的输出电流质量。这是由于电网频率变化导致延时为分数时，PIMR 控制系统不能为电网基波频率及其整数倍频率处提供高增益，因此，其基频电流跟踪能力和谐波抑制能力均下降。而 FD-PIMR 控制系统提供高增益的频率点与电网频率及其谐波频率吻合，因此具有优秀的基频信号跟踪能力和谐波抑制能力。

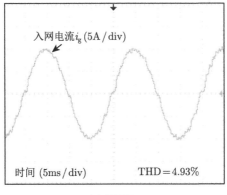

(a) PIMR

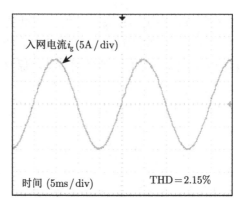

(b) FD-PIMR

图 7.3　$N=198.4$ 时 PIMR 和 FD-PIMR 控制系统的入网电流波形

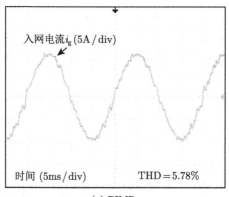

(a) PIMR

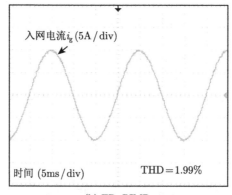

(b) FD-PIMR

图 7.4　$N=201.6$ 时 PIMR 和 FD-PIMR 控制系统的入网电流波形

7.3 频率自适应 PIMR 的应用

FD-PIMR 控制器的实验结果证明了在分数延时时具有良好的特性。但是，实际电网系统中，电网频率可能存在实时变化，若使 FD-PIMR 控制能够在电网频率实时波动时仍具有优秀的基频信号跟踪能力和谐波信号抑制能力，FD-PIMR 控制则必须要具备频率自适应能力。由于 PIMR 控制器是由 RC 并联比例增益构成，因此，当 RC 具有频率自适应能力时，PIMR 控制也具有频率自适应能力。

第 7.2 节中的 FD-PIMR 仅是针对延时为固定分数的情况，采用对应的 FD-PIMR 控制器，而实际电网中，电网频率实时变化，固定分数的 FD-PIMR 显然不能满足要求，因此需要将 FD-PIMR 控制器中的分数延时部分采用自适应的方法，即具有频率自适应能力的 FD-PIMR 控制器（adaptive FD-PIMR，AFD-PIMR）。AFD-PIMR 的执行过程为：

(1) 确定 FIR 滤波器的阶数 M；

(2) 根据锁相环得到的电网频率信号，控制器在 10kHz 的采样频率下自动计算出需要延时的拍数，然后确定出分数延时 d 的大小；

(3) 根据公式 (4.10) 和表 4.1 计算出由整数延时表示的分数延时的表达式；

(4) 将分数延时嵌入到 RC 内模正反馈中，完成频率自适应。

由于采用基于拉格朗日插值多项式的 FIR 滤波器近似分数延时，仅需有限项的代数运算即可实现用整数延时逼近分数延时，计算量很小，因此系统根据锁相环的频率信号，就可以实时在线调整 AFD-PIMR 参数，以跟踪电网频率的变化。

当电网频率 f_0 在 49.5～50.5Hz 范围内变化而采样频率 f_s 固定为 10kHz 时，RC 的延时 N 在 198±202 范围内随机变化。由于没有交流电压源设备模拟电网频率 f_0 的变化，因此为模拟 N 在一定范围变化的效果，采用改变控制系统采样频率 f_s 的方法。当 f_0 固定时，采样频率 f_s 在 9900～10100Hz 范围内变化。

当采样频率 f_s=10060Hz 和 f_s=9940Hz 时，对应 N=201.2 和 N=198.8，AFD-PIMR 控制系统的输出电流如图 7.5所示。由图可得，当电网频率在一定范围变化导致 RC 中延时拍数为分数时，AFD-PIMR 控制系统具有较好的参考电流跟踪能力和优秀的谐波抑制能力。

为验证所提出的 AFD-PIMR 控制器的动态特性，记录了当参考电流幅值由 10A 跳变为 6A 时的入网电流波形。如图 7.6可知，入网电流经过 2～3 个基波周期（约 50ms）后趋于稳定状态。

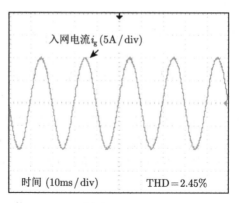

(a) $N=201.2$

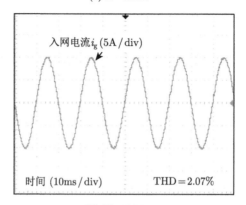

(b) $N=198.8$

图 7.5　AFD-PIMR 控制系统的入网电流波形

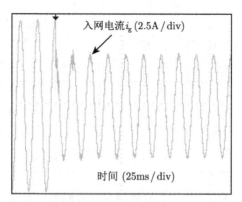

图 7.6　参考电流幅值变化时的入网电流波形

7.4 本章小结

本章研究了 FD-PIMR 控制器的基本原理,并分析了控制系统的稳定性,通过实验验证了所提出的 FD-PIMR 能够在电网频率波动造成 PIMR 控制器中延时为分数时,具有较好的参考电流信号的跟踪能力和优秀的谐波信号抑制能力。最后,针对电网频率的变化,提出一种频率自适应 PIMR 控制策略——AFD-PIMR 控制器,并通过实验验证了控制器良好的性能。

第 8 章　采用锁相环相位加权应对电网频率变化的重复控制

当电网频率波动时，电网基波和谐波频率发生偏移，导致频率和增益不匹配的现象。第 7 章给出的分数阶重复控制通过引入 FIR 滤波器的方式改进了重复控制的内模，使得重复控制能够自适应频率的变化。然而，电网中可能存在谐波和不平衡分量，检测得到的频率可能会产生波动，导致自适应重复控制阶数的波动，进而影响重复控制器的稳态性能。锁相环被用于同步并网逆变器的电压相位，并且产生并网电流的参考电流，因此锁相环的相位信息可以用于重复控制的设计以规避频率检测的波动问题。本章介绍和分析了分数阶重复控制和角度域重复控制，并据此提出改进的基于锁相环相位信息加权的重复控制（phase weighting repetitive control，PWRC）。

8.1　频率波动对锁相环的影响

为了产生和电网电压同步的入网电流，需要采用锁相环来同步电网电压的相位。锁相环的基本结构如图 8.1所示。输入信号 v 和输出信号 v' 进入相角检测器，其输出的相位误差信号 e_{PD} 中除了理想的相位误差之外，还含有高频谐波分量，这取决于相角检测器的具体类型；环路滤波器具备低通滤波特性，一般是低通滤波器或者 PI 控制器的形式；电压控制振荡器根据检测到的相位生成交流输出信号 v'。该信号的角频率可以根据实际的应用场合在给定的角频率 ω'_{c} 附近移动。

图 8.1　锁相环的基本结构

锁相环的不同模块可以通过不同的技术实现[96,97]。基于二阶广义积分的正交信号发生器因为结构简单且具有基波信号的筛选能力而被广泛应用[98]。本章以基于二阶广义积分器的锁相环输出电网电压相位 α 和锁频环输出电网角频率 ω 来分析检测频率的波动对分数阶重复控制的影响。且在弱电网或者多机并联的情况下电网电感无法忽略[99]，此时较低带宽的锁相环有利于提高系统的稳定性[17]。基于二阶广义积分器的锁相环和锁频环的结构如图 8.2所示，其中增益系数 k_1 一般取 $\sqrt{2}$。环路滤波器参数 k_p 与 k_i 决定了锁相环的动态和稳态性能，本章中 $k_p=0.05$，$k_i=0.2$；而 γ 决定了锁频环的动态性能，取 $\gamma=0.1$。

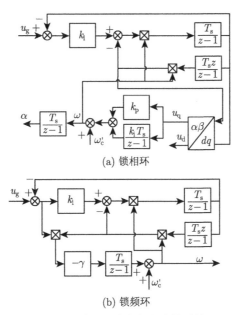

(a) 锁相环

(b) 锁频环

图 8.2 基于二阶广义积分的结构

如图 8.3(a) 所示，当电网电压为理想正弦波形时，锁相环检测的电网频率存在较小的波动，波动幅值大致为 0.01Hz，此频率波动对于重复控制延时内模拍数

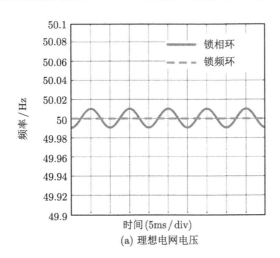

(a) 理想电网电压

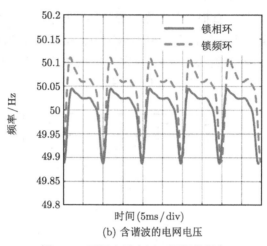

(b) 含谐波的电网电压

图 8.3　不同电网电压下测得的频率

的影响微乎其微，可以近似忽略。锁频环检测到的频率没有波动，可以得到精度很高的延时内模拍数。如图 8.3(b) 所示，在电网电压中分别加入 5%、4%、3%、2% 的 3、5、7、9 次谐波时，锁相环和锁频环两者检测的频率波动范围都在 0.1Hz 以上，进而对 RC 内模拍数的计算结果产生影响，从而降低重复控制对于并网电流谐波的抑制性能。可见，即使锁相环或者锁频环取较小的参数以保证较好的稳态精度，其测得的频率依然可能存在潜在的振荡，进而影响控制器的性能。

8.2　基于锁相环相位加权的重复控制

锁相环或锁频环会因公共耦合点处的电压波动而失真，FDRC 根据测得的电网频率实时计算 FIR 滤波器系数，此时 FIR 滤波器系数不再能够准确地体现延时内模的性质。变延时重复控制（delay varying repetitive control，DVRC）是指重复控制的延时内模是基于时间变化的，信号的内模不再是基于时域的，而是基于特定的重复变量[100-102]。与时域的重复控制相比，角度域重复控制应用于抑制基于位置分布的干扰，当参考或者干扰信号的重复性体现在角度位置上的分布时，角度域的重复控制更具优势。因此本章结合 DVRC 和 FDRC，提出基于锁相环相位加权的重复控制，应用于并网逆变器电流控制的谐波抑制。

8.2.1　控制器结构与实现

基于锁相环相位加权的重复控制框图如图 8.4所示[103]。可见，重复控制延时内模拍数依然取决于相角，且有 $N_1(\alpha_k) < N(\alpha) < N_2(\alpha_k)$，$N_2(\alpha_k)=N_1(\alpha_k)+1$。相比于 DVRC 直接取上一周期与本时刻最接近的时刻同当前时刻相差的拍数作

为延时内模拍数，PWRC 选取的是上一周期与本时刻最接近的两拍时刻与当前时刻相差的拍数作为延时内模（即 $N_1(\alpha_k)$ 和 $N_2(\alpha_k)$），并对 $N_1(\alpha_k)$ 和 $N_2(\alpha_k)$ 拍延时内模进行加权，加权系数分别取 W_1 和 W_2。该结构与 FDRC 相似，但加权所使用的是锁相环的相角信息，避免了 FDRC 策略在干扰下受检测频率波动的影响。

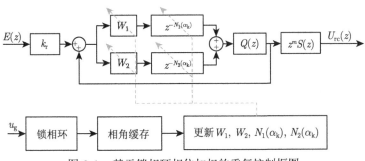

图 8.4 基于锁相环相位加权的重复控制框图

在实际并网逆变器应用中，参考电流的相角一般被约束在 $[0, 2\pi)$ 中。而权值 W_1 与 W_2 需要根据相角信息进行计算。基于相位加权的重复控制与 FDRC 具备相似的结构，不同在于权值的计算来自锁相环的相角而不是直接来自频率。加权部分可以简化为传递函数

$$W(z) = W_1 + W_2 z^{-1} \tag{8.1}$$

由于相角被约束在 $[0, 2\pi)$ 中，权值 W_1 与 W_2 的计算需要对相角进行分类讨论。具体三种情况如图 8.5所示，$\bar{k}_2$ 与 $\bar{k}_1$ 是上一周期与当前拍 k 的相角 α_k 最接近的两个相角对应的拍次。

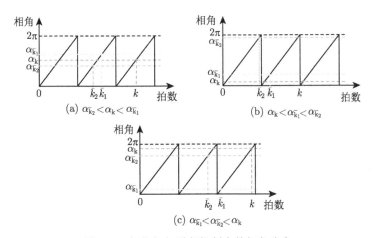

图 8.5 相位加权重复控制中的相角分布

当 $\alpha_{\bar{k}_2} < \alpha_k < \alpha_{\bar{k}_1}$ 时，相角分布如图 8.5(a) 所示，这是大多数时刻相角的分布情况，此时权值按式 (8.2) 计算：

$$\begin{cases} W_1 = \dfrac{\alpha_k - \alpha_{\bar{k}_2}}{\alpha_{\bar{k}_1} - \alpha_{\bar{k}_2}} \\ W_2 = 1 - W_1 = \dfrac{\alpha_{\bar{k}_1} - \alpha_k}{\alpha_{\bar{k}_1} - \alpha_{\bar{k}_2}} \end{cases} \tag{8.2}$$

当 $\alpha_k < \alpha_{\bar{k}_1} < \alpha_{\bar{k}_2}$ 时，相角分布如图 8.5(b) 所示，此时权值按式 (8.3) 计算：

$$\begin{cases} W_1 = \dfrac{\alpha_k + 2\pi - \alpha_{\bar{k}_2}}{\alpha_{\bar{k}_1} + 2\pi - \alpha_{\bar{k}_2}} \\ W_2 = 1 - W_1 = \dfrac{\alpha_{\bar{k}_1} - \alpha_k}{\alpha_{\bar{k}_1} + 2\pi - \alpha_{\bar{k}_2}} \end{cases} \tag{8.3}$$

当 $\alpha_{\bar{k}_1} < \alpha_{\bar{k}_2} < \alpha_k$ 时，相角分布如图 8.5(c) 所示，此时权值按式 (8.4) 计算：

$$\begin{cases} W_1 = \dfrac{\alpha_k - \alpha_{\bar{k}_2}}{\alpha_{\bar{k}_1} + 2\pi - \alpha_{\bar{k}_2}} \\ W_2 = 1 - W_1 = \dfrac{\alpha_{\bar{k}_1} + 2\pi - \alpha_k}{\alpha_{\bar{k}_1} + 2\pi - \alpha_{\bar{k}_2}} \end{cases} \tag{8.4}$$

考虑到图 2.10 重复控制的补偿环节 $G_f(z)$ 中存在的超前环节并不是因果的，需要利用重复控制的内模进行实现。如图 8.6所示，其中超前环节 z^m 通过反馈回路上的 z^{-m} 等效实现；而 $Q(z)$ 也转换成了 $z(d_1 + d_0 z^{-1} + d_1 z^{-2})$，并将 z 和 z^m 提取到前面，所以有 $z^{-N_1(\alpha)+m+1}$，整个正反馈环路上的延时通过加权环节 $W(z)$ 对 $N_1(\alpha_k)$ 和 $N_2(\alpha_k)$ 拍的延时进行加权。

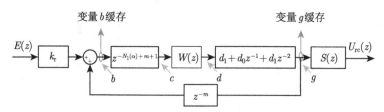

图 8.6 相位加权重复控制器的实现

在数字控制的实际实现中，需要对控制环路中的计算变量进行缓存，以构成重复控制的延时内模。如图 8.6所示，可以选取变量 b 和变量 g 进行缓存。缓存在 DSP 中可以通过数组构成环形队列的形式实现。在每个周期的计算中，由于当前拍的变量 b 的计算需要变量 g 的前 m 拍的量，所以变量 g 的缓存长度至少为 m。

而当前拍的变量 c 需要从变量 b 的缓存中选取，即 $c(k) = b[k - N_1(\alpha) + m + 1]$。根据公式 (8.1)，变量 d 的计算需要用到 $c(k-1)$，故变量 g 的计算还需要用到 $c(k-3)$，因此变量 b 的缓存长度至少为 $\max[N_2(\alpha) - m + 1]$。

8.2.2   稳定性分析

实际电网在运行过程中频率的波动并不剧烈，基于锁相环的相位一般是通过角频率的积分后得到的，而由于基于相位加权而不是频率，系数 W_1 和 W_2 的每次更新发生的变化相对更小。所以第 7 章 FDRC 的稳定判据也适用于基于相位加权的重复控制。

基于相位加权的重复控制的稳定条件如下：

① $P(z)$ 稳定；

② 满足以下条件

$$|1 - k_{\mathrm{r}} z^m S(z) P(z)| < \left| \frac{1}{Q(z)W(z)} \right| \tag{8.5}$$

$W(z)$ 作为加权项，实际上也呈现出低通滤波器的特性，这与 FDRC 中的一阶 FIR 滤波器作用相同。相位加权重复控制实际上是基于角度域的重复控制，而电网本身的频率波动特性致使基于相角信息计算得到的加权系数每次更新变化很小，所以与 FDRC 和 CRC 相同形式的稳定判据依然适用。

8.2.3   参数设计

重复控制器可设计的参数主要受到稳定判据的约束，其可设计的参数有重复控制增益 k_{r}、零相位低通滤波器 $Q(z)$ 以及补偿器 $G_{\mathrm{f}}(z)$ 等。

1. 零相位低通滤波器的设计

$Q(z)$ 的选取如图 8.7所示，在 1000Hz 频率处，随着 α_0 由 0.9 降低到 0.5，系统在 1000Hz 频率处的增益由约 46dB 降低到约 32dB。为了保证重复控制器对于 1000Hz 以上的谐波干扰依然具备一定的抑制能力，所以希望在该频段的谐波处保持一定的增益。因此选择 $\alpha_0 = 0.9$，即 $Q(z) = 0.05z^{-1} + 0.9 + 0.05z$。

2. 补偿低通滤波器的设计

$S(z)$ 一般设计为低通滤波器，选取截止频率为 1000Hz 的二阶巴特沃思滤波器，表达式为

$$S(z) = \frac{0.01979z^2 + 0.03958z + 0.01979}{z^2 - 1.565z + 0.6437} \tag{8.6}$$

通过 $S(z)$ 补偿后的 $P(z)$ 频率特性如图 8.8 所示。可见，经过 $S(z)$ 补偿后，$S(z)P(z)$ 的增益在 800Hz 后都衰减到了 0dB 以下，同时相位滞后增加。$S(z)P(z)$ 的相位滞后需要通过超前拍数来补偿。

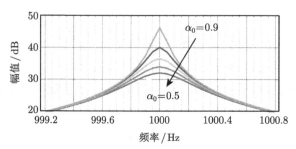

图 8.7　不同 α_0 下 $Q(z)$ 在 1000Hz 处的增益

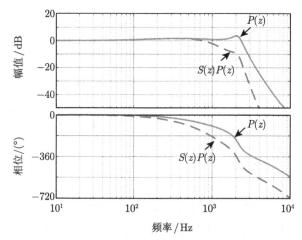

图 8.8　系统闭环传递函数 $P(z)$ 补偿前后

3. 超前拍数的设计

z^m 的补偿目标是使补偿后 $z^m S(z)P(z)$ 的相频曲线在中低频处尽量逼近零相位的性质。当 $m=11$ 时，补偿后的相频曲线保持在 0dB 附近且最为平滑，所以选择 $m=11$ 作为超前补偿拍数 (图 8.9)。

4. 重复控制增益的设计

电网的阻抗主要表现为电感的形式，而电网电感 L_{g} 的增大会引起模型的变化，导致之前设计的参数 $S(z)$ 与 z^m 对于系统的补偿不再最优。如图 8.10所示，随着电网电感 L_{g} 的增大，$z^m S(z)P(z)$ 的幅频曲线在低频处的上翘越明显，且相位滞后也更大。

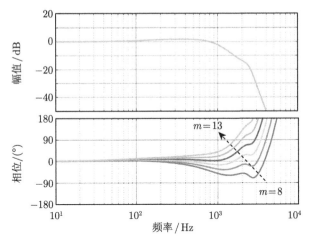

图 8.9 不同超前拍数 m 下 $z^m S(z)P(z)$ 的幅相特性

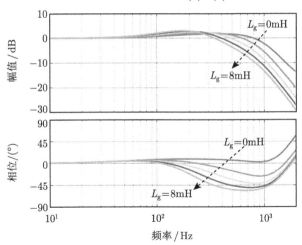

图 8.10 电网电感 L_g 变化时 $z^m S(z)P(z)$ 的幅相特性

为了确定电网电感 L_g 的变化对于重复控制增益 k_r 选取的约束,令

$$H_{\max} = \max\left(\left|1 - k_r z^m S(z)P(z)\right|\right) \tag{8.7}$$

即 $H_{\max}$ 为 $1 - k_r z^m S(z)P(z)$ 的最大增益。那么当 $H_{\max} < 0dB$ 时,系统稳定。$H_{\max}$ 与重复控制增益 k_r 和电网电感 L_g 的关系如图 8.11所示,顶层的平面为 0dB 增益平面,当电网电感 L_g 增大时,重复控制增益 k_r 可选的稳定范围逐渐减小。当 $k_r{=}1$,L_g 在 0~8mH 之间变化时,系统都能够保持稳定。综上所述,k_r 越大,系统的动态性越好;k_r 越小,系统的稳定性越好。为了在电网电感参数 L_g 变化的情况下保证系统的稳定性,且同时保持一定的动态性能,所以选择重复控制 $k_r{=}1$。

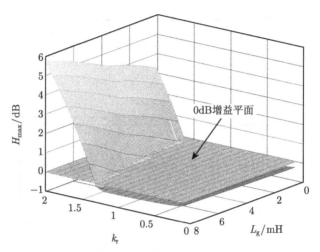

图 8.11　$H_{\max}$ 与重复控制增益 k_r 和电网电感 L_g 的关系

8.3　实 验 验 证

为了验证相位加权重复控制对于电网频率变化的适应性，搭建了并网逆变器平台。控制算法由基于 TMS320F28335 的数字控制芯片实现，同时控制并网开关的开合；产生的 PWM 信号经过 CPLD 传输到智能功率模块（intelligent power module, IPM）的驱动模块，驱动逆变桥的导通和关断；逆变桥连接到 LCL 滤波器电路，经过并网开关后，通过一台隔离变压器连接到实验室电网；直流母线电压、公共耦合点电压、并网电流和电容电流通过电压、电流霍尔传感器检测输出，经过放大电路放大后，由 TMS320F28335 驱动 AD7606 采样并读取采样数据。

并网实验采用实验室电网，标称电压有效值 220V，实际测量电压有效值在 237V 左右波动；电网标称频率为 50Hz，实际采用示波器测量的频率在 49.98～50.02Hz 之间。

8.3.1　稳态响应实验

当采样率为 20kHz 时，CRC 控制的并网电流响应如图 8.12(a) 所示，并网电流 THD 为 2.5%；FDRC 控制的并网电流稳态响应如图 8.12(b) 所示，并网电流 THD 为 2.85%；PWRC 控制的并网电流稳态响应如图 8.12(c) 所示，并网电流 THD 为 2.63%。可见，当采样控制频率 f_s 与电网频率 f_0 之比为整数时，三者的 THD 大致相当，都在 3% 以下；FDRC 控制的并网电流 THD 最大，这是由于锁相环频率的波动导致延时内模拍数的波动变化引起的；而基于 PWRC 控制并网电流 THD 与 CRC 控制相当，验证了该策略的有效性。

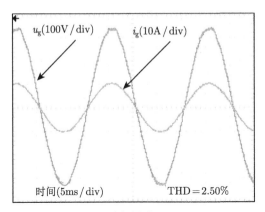

(a) CRC

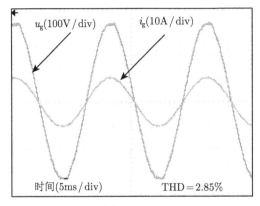

(b) FDRC

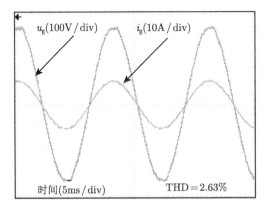

(c) PWRC

图 8.12 重复控制并网电流稳态响应

8.3.2　频率自适应实验

由于没有交流电压源设备模拟电网频率的变化，为了验证相位加权重复控制对于电网频率偏移的自适应性，采用更改系统采样控制频率的方式，等效地模拟电网频率偏移对于重复控制造成的影响。

当采样控制频率 f_s 为 19.84kHz 时，CRC 控制的并网电流稳态响应如图 8.13(a) 所示，可见并网电流存在明显的畸变，并网电流 THD 为 5.13%；FDRC 控制的稳态响应如图 8.13(b) 所示，并网电流存在一些小振荡，THD 为 3.53%；PWRC 控制的并网电流稳态响应如图 8.13(c) 所示，可见并网电流的波形保持良好的正弦度，并网电流 THD 为 2.66%。当采样控制频率 f_s 为 20.16kHz 时，CRC 并网电流的稳态响应如图 8.14(a) 所示，虽然并网电流的畸变相对较小，然而并网电流 THD 为 3.77%；FDRC 并网电流的稳态响应如图 8.14(b) 所示，并网电流波形也存在一些小振荡，THD 为 3.25%；PWRC 并网电流的稳态响应如图 8.14(c) 所示，可见并网电流的波形依然保持了良好的正弦度，THD 为 2.49%。

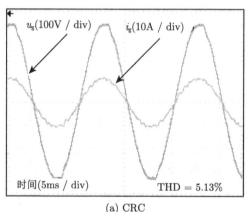

(a) CRC

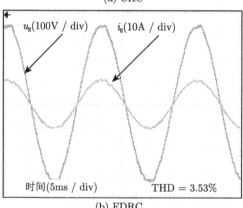

(b) FDRC

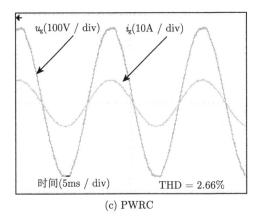

(c) PWRC

图 8.13 当 $f_s=19.84\text{kHz}$ 时不同控制下的并网电流稳态响应

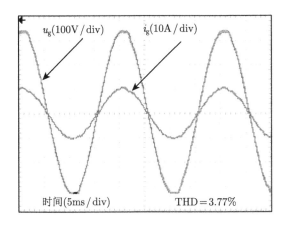

(a) CRC

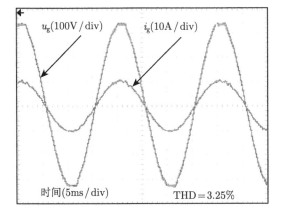

(b) FDRC

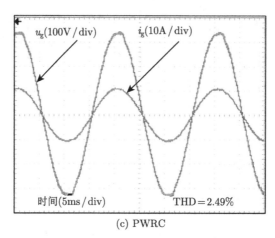

(c) PWRC

图 8.14　当 f_s=20.16kHz 时不同控制下的并网电流稳态响应

可以推断，当电网频率发生偏移时，传统重复控制对于并网电流谐波抑制的能力显著降低，并网电流 THD 上升，甚至超过 5% 的并网电流标准。基于相位加权的重复控制策略能够自适应频率的变化，并且规避锁相环检测频率结果波动的影响。

8.3.3　电网电感变化实验

为测试 PWRC 的鲁棒性，在公共耦合点与实际电网之间接入电感以模拟电网电感的变化，本实验中采用 2 个 3.9mH 的电感来模拟 L_g=3.9mH 和 L_g=7.8mH 的情形。如图 8.15(a) 所示，当电网电感 L_g=3.9mH 时，系统保持稳定，并网电流 THD 为 2.41%；如图 8.15(b) 所示，当电网电感 L_g=7.8mH 时，系统依然稳定，并网电流 THD 为 2.34%。可以推断当电网电感存在大范围波动时，系统依然能保持稳定。

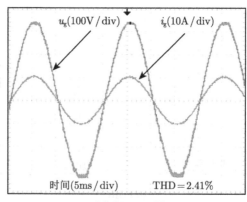

(a) L_g = 3.9mH

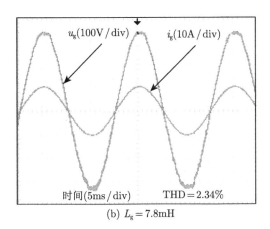

(b) $L_g = 7.8\text{mH}$

图 8.15 弱电网下电网电感变化时并网电流的稳态响应

8.4 本章小结

本章首先介绍了锁相环和锁频环在含谐波的电网下潜在的检测频率结果波动，可能造成重复控制阶数的波动，从而降低谐波抑制性能。然后提出基于相位加权的重复控制，给出相位加权重复控制的具体实现过程和稳定性分析。最后，在弱电网情况下考虑系统的稳定性，具体阐述了并网逆变器系统的相位加权重复控制器的参数设计，比较了传统重复控制、分数阶重复控制和基于相位加权重复控制的稳态响应实验、频率自适应实验以及变电网电感参数的实验。实验结果验证了 PWRC 综合设计的有效性和鲁棒性。

第 9 章　设计内模滤波器应对电网频率变化

针对电网频率的变化，第 7、8 章已经给出了基于自适应技术的一些重复控制方法，本章从鲁棒性的角度提出多带宽重复控制（multi-bandwidth repetitive control，MBRC）。在提出的 MBRC 中，每个谐振带宽都通过设计内模滤波器对应频率的增益来单独设计。提出的内模滤波器的设计方法，将内模滤波器分成若干个零相位有限脉冲响应滤波器，以降低设计难度。然后，对 MBRC 控制进行理论分析，表明 MBRC 可以提高系统的增益。最后，通过实验验证了所提出的 MBRC 方案的有效性。

9.1　基于内模的重复控制谐振带宽设计

9.1.1　带宽重复控制

为了减少自适应分数阶重复控制中内模滤波器 Q 采用 FIR 滤波器带来的计算量大的问题，文献 [104] 提出了基于准谐振控制来扩大谐振频率带宽的方案。带宽重复控制[105] 的实质是为了提高重复控制的谐振带宽，在电网频率变化时使重复控制仍然具有较大的控制增益。带宽重复控制的传递函数为

$$G_{\text{band}}(z) = \frac{k_{\text{band}} T_0 z^{-N}}{2(1 - z^{-N}) + \omega_{\text{i}} T_0 z^{-N}} \tag{9.1}$$

其中，k_{band} 是带宽重复控制的增益常数；ω_{i} 是重复控制谐振带宽相关参数；T_0 为基波周期。将式 (9.1) 变形为

$$G_{\text{band}}(z) = \frac{\dfrac{1}{2} k_{\text{band}} T_0 z^{-N}}{1 - \left(1 - \dfrac{1}{2} \omega_{\text{i}} T_0\right) z^{-N}} \tag{9.2}$$

若设常数 $Q = 1 - \dfrac{1}{2} \omega_{\text{i}} T_0$，常数 $k_{\text{r}} = \dfrac{\dfrac{1}{2} k_{\text{band}} T_0}{1 - \dfrac{1}{2} \omega_{\text{i}} T_0}$，则式 (9.2) 可以简化为

$$G_{\text{band}}(z) = \frac{k_{\text{r}} Q z^{-N}}{1 - Q z^{-N}} \tag{9.3}$$

其中，常数 Q 与带宽常数 ω_i 相关。由于 Q 是常数，因此每个谐振频率处的谐振带宽相同。

然而，当电网频率变化时，电网谐波的频率也会发生同等倍率的变化。例如，当电网频率从 50Hz 变化为 49.8Hz 时，其 3 次谐波频率从 150Hz 变化为 149.4Hz，即当电网频率的变化为 0.2Hz 时 3 次谐波的频率将变化 3×0.2Hz，而 n 次谐波的频率变化将是 $0.2n$Hz。因此，重复控制各谐振频率的谐振带宽需要分别设计使重复控制在谐振增益和谐振带宽上同时满足条件。为解决这个问题，本章提出多谐振带宽重复控制的概念。

9.1.2 内模滤波器与重复控制谐振特性关系

多谐振带宽重复控制的表达式为

$$G_{\mathrm{qrc}}(z) = \frac{Q_{\mathrm{bw}}(z)z^{-N}}{1 - Q_{\mathrm{bw}}(z)z^{-N}} \tag{9.4}$$

其中，$Q_{\mathrm{bw}}(z)$ 是零相位传递函数，其每个谐振频率的增益是单独设计的。

根据式 (2.6)，可得 RC 的 s 域表达式为

$$G_{\mathrm{rc}}(s) = \frac{\mathrm{e}^{-sT_0}}{1 - \mathrm{e}^{-sT_0}} = -\frac{1}{2} + \frac{1}{T_0 s} + \frac{2}{T_0} \sum_{k=1}^{\infty} \frac{s}{s^2 + (k\omega_0)^2} \tag{9.5}$$

其中，$\omega_0 = \dfrac{2\pi}{T_0}$。内模中加入传递函数 $Q_{\mathrm{bw}}(s)$，得到

$$G_{\mathrm{qrc}}(s) = \frac{Q_{\mathrm{bw}}(s)\mathrm{e}^{-sT_0}}{1 - Q_{\mathrm{bw}}(s)\mathrm{e}^{-sT_0}} = \frac{\mathrm{e}^{\ln Q_{\mathrm{bw}}(s) - sT_0}}{1 - \mathrm{e}^{\ln Q_{\mathrm{bw}}(s) - sT_0}}$$

$$= -\frac{1}{2} + \frac{1}{T_0 s - \ln Q_{\mathrm{bw}}(s)} + \frac{2}{T_0} \sum_{k=1}^{\infty} \frac{s - \dfrac{\ln Q_{\mathrm{bw}}(s)}{T_0}}{\left(s - \dfrac{\ln Q_{\mathrm{bw}}(s)}{T_0}\right)^2 + (k\omega_0)^2} \tag{9.6}$$

RC 中每个谐振的带宽等于 $\dfrac{\ln|Q_{\mathrm{bw}}(\mathrm{j}\omega)|}{T_0}$，其中 ω 是相关的谐振频率。与频率自适应 RC 相比，式 (9.4) 中 $Q_{\mathrm{bw}}(z)$ 的系数是不变的，因此需要的计算较少。如果 Q_{bw} 是一个常数 Q，式 (9.6) 可以表示为

$$G_{\mathrm{qrc}}(s) = -\frac{1}{2} + \frac{1}{T_0 s - \ln Q} + \frac{2}{T_0} \sum_{k=1}^{\infty} \frac{s - \dfrac{\ln Q}{T_0}}{s^2 - 2\dfrac{\ln Q}{T_0}s + \left(\dfrac{\ln Q}{T_0}\right)^2 + (k\omega_0)^2} \tag{9.7}$$

其中，$\dfrac{\ln Q}{T_0}$ 是带宽重复控制的谐振带宽[106]。

为研究 $Q_{\text{bw}}(s)$ 对重复控制的具体影响，$\ln Q_{\text{bw}}(s)$ 的频率特性可写为

$$\ln [Q_{\text{bw}}(\text{j}\omega)] = \ln [Q_{\text{A}}(\omega) + Q_{\text{B}}(\omega)\text{j}] \tag{9.8}$$

其中，$Q_{\text{A}}(\omega)$ 和 $Q_{\text{B}}(\omega)\text{j}$ 分别为 $Q_{\text{bw}}(s)$ 的频率特性的实部和虚部。$Q_{\text{A}}(\omega)$ 和 $Q_{\text{B}}(\omega)$ 均属于实数，且满足 $\sqrt{Q_{\text{A}}^2(\omega) + Q_{\text{B}}^2(\omega)} = |Q_{\text{bw}}(\text{j}\omega)|$。式 (9.8) 变形为

$$\ln [Q_{\text{bw}}(\text{j}\omega)] = \ln |Q_{\text{bw}}(\text{j}\omega)| + \ln[A(\omega) + B(\omega)\text{j}] \tag{9.9}$$

其中，$A(\omega) = \dfrac{Q_{\text{A}}(\omega)}{|Q_{\text{bw}}(\text{j}\omega)|}$，$B(\omega) = \dfrac{Q_{\text{B}}(\omega)}{|Q_{\text{bw}}(\text{j}\omega)|}$，$A^2(\omega) + B^2(\omega) = 1$。根据欧拉公式 $\text{e}^{\text{j}\theta} = \cos\theta + \text{j}\sin\theta$，$A(\omega)$ 和 $B(\omega)$ 可以视为 $\cos\theta$ 和 $\sin\theta$。公式 (9.9) 可以表达为

$$\begin{aligned}
\ln[Q_{\text{bw}}(\text{j}\omega)] &= \ln |Q_{\text{bw}}(\text{j}\omega)| + \text{j}\arctan \frac{B(\omega)}{A(\omega)} \\
&= \ln |Q_{\text{bw}}(\text{j}\omega)| + \text{j}\arctan \frac{Q_{\text{B}}(\omega)}{Q_{\text{A}}(\omega)} \\
&= \ln |Q_{\text{bw}}(\text{j}\omega)| + \text{j}\angle Q_{\text{bw}}(\text{j}\omega)
\end{aligned} \tag{9.10}$$

其中，$\angle Q_{\text{bw}}(\text{j}\omega)$ 是 $Q_{\text{bw}}(s)$ 的相频特性。式 (9.10) 将 $\ln Q_{\text{bw}}(s)$ 的频率特性分解为实部和虚部，其中实部由 $Q_{\text{bw}}(s)$ 的幅频特性构成，而虚部由 $Q_{\text{bw}}(s)$ 的相频特性构成。

将式 (9.10) 代入式 (9.6)，可得

$$\begin{aligned}
G_{\text{qrc}}(\text{j}\omega) =\ & -\frac{1}{2} + \frac{1}{\text{j}T_0\omega - \ln Q_{\text{bw}}(\text{j}\omega)} \\
& + \frac{2}{T_0}\sum_{k=1}^{\infty} \frac{\text{j}\left[\omega - \dfrac{\angle Q_{\text{bw}}(\text{j}\omega)}{T_0}\right] - \dfrac{\ln |Q_{\text{bw}}(\text{j}\omega)|}{T_0}}{\left\{\text{j}\left[\omega - \dfrac{\angle Q_{\text{bw}}(\text{j}\omega)}{T_0}\right] - \dfrac{\ln |Q_{\text{bw}}(\text{j}\omega)|}{T_0}\right\}^2 + (k\omega_0)^2}
\end{aligned} \tag{9.11}$$

在式 (9.11) 中，令 $\ln |Q_{\text{bw}}(\text{j}\omega)| = 0$，则式 (9.11) 写成

$$G_{\text{qrc}}(\text{j}\omega) = -\frac{1}{2} + \frac{1}{\text{j}T_0\omega - \ln Q_{\text{bw}}(\text{j}\omega)} + \frac{2}{T_0}\sum_{k=1}^{\infty} \frac{\text{j}\left[\omega - \dfrac{\angle Q_{\text{bw}}(\text{j}\omega)}{T_0}\right]}{\left\{\text{j}\left[\omega - \dfrac{\angle Q_{\text{bw}}(\text{j}\omega)}{T_0}\right]\right\}^2 + (k\omega_0)^2} \tag{9.12}$$

从式中可以看到，在 $\omega = k\omega_0$ 附近，谐振频率从 $k\omega_0$ 变为 $k\omega_0 + \angle Q_{\mathrm{bw}}(\mathrm{j}\omega_0)/T_0$，这说明当 $\ln|Q_{\mathrm{bw}}(\mathrm{j}\omega)|$ 接近于 1 时，主要影响重复控制谐振频率的是 $Q_{\mathrm{bw}}(s)$。由于重复控制的谐振频率直接关系到入网电流是否能够有效地跟踪参考电流以及谐波分量的抑制能力，因此，Q_{bw} 需要尽可能设计为零相位以保证重复控制的谐振频率不变。

当 $\angle Q_{\mathrm{bw}}(\mathrm{j}\omega) = 0$ 时，式 (9.11) 变形为

$$G_{\mathrm{qrc}}(\mathrm{j}\omega) = -\frac{1}{2} + \frac{1}{\mathrm{j}T_0\omega - \ln|Q_{\mathrm{bw}}(\mathrm{j}\omega)|}$$

$$+ \frac{2}{T_0} \sum_{k=1}^{\infty} \frac{\mathrm{j}\omega - \dfrac{\ln|Q_{\mathrm{bw}}(\mathrm{j}\omega)|}{T_0}}{-\omega^2 - 2\mathrm{j}\omega\dfrac{\ln|Q_{\mathrm{bw}}(\mathrm{j}\omega)|}{T_0} + \left(\dfrac{\ln|Q_{\mathrm{bw}}(\mathrm{j}\omega)|}{T_0}\right)^2 + (k\omega_0)^2}$$

$$\approx -\frac{1}{2} + \frac{1}{\mathrm{j}T_0\omega - \ln|Q_{\mathrm{bw}}(\mathrm{j}\omega)|} + \frac{2}{T_0} \sum_{k=1}^{\infty} \frac{\mathrm{j}\omega}{-\omega^2 - 2\mathrm{j}\omega\dfrac{\ln|Q_{\mathrm{bw}}(\mathrm{j}\omega)|}{T_0} + (k\omega_0)^2}$$

$$\tag{9.13}$$

将 $\mathrm{j}\omega = s$ 代入公式 (9.13)，可得

$$G_{\mathrm{qrc}}(s) \approx -\frac{1}{2} + \frac{1}{T_0 s - \ln Q_{\mathrm{bw}}(s)} + \frac{2}{T_0} \sum_{k=1}^{\infty} \frac{s}{s^2 + 2s\omega_{\mathrm{i}}(s) + (k\omega_0)^2} \tag{9.14}$$

其中，

$$\omega_{\mathrm{i}}(s) = -\frac{\ln|Q_{\mathrm{bw}}(s)|}{T_0} \tag{9.15}$$

如果 $\omega \in [0, \pi]$ 中满足 $|Q_{\mathrm{bw}}(\mathrm{j}\omega)| < 1$，则 $\omega_{\mathrm{i}}(\mathrm{j}\omega) > 0$，令

$$G_{\mathrm{ri}}(s) = \frac{s}{s^2 + 2s\omega_{\mathrm{i}}(s) + (k\omega_0)^2} \tag{9.16}$$

则 $G_{\mathrm{ri}}(s)$ 在 $k\omega_0 \pm \omega_{\mathrm{i}}(k)$ 频率的增益与其在 $k\omega_0$ 频率的增益之比为

$$\frac{G_{\mathrm{ri}}\{\mathrm{j}[k\omega_0 \pm \omega_{\mathrm{i}}(k)]\}}{G_{\mathrm{ri}}(\mathrm{j}k\omega_0)} = \frac{1 \pm \dfrac{\omega_{\mathrm{i}}(k)}{k\omega_0}}{\sqrt{2 \pm \dfrac{\omega_{\mathrm{i}}(k)}{k\omega_0} + \dfrac{5\omega_{\mathrm{i}}^2(k)}{4k^2\omega_0^2}}} \tag{9.17}$$

注意到 $\omega_i(k)$ 远小于 $k\omega_0$ 时, 式 (9.17) 的比值近似为 0.707 (−3dB)。也就是说, $\omega_i(k)$ 作为谐振带宽参数, 当频率值从谐振频率变化 $\omega_i(k)$ 时, 重复控制的增益衰减 3dB。

上述推导的重复控制内模滤波器与重复控制谐振特性的关系可以用于指导重复控制内模滤波器的设计。其中, 内模滤波器与重复控制谐振频率、准谐振带宽之间的准确数学关系在控制器设计中有很大的作用[107]。

9.1.3　重复控制多谐振带宽设计

在式 (9.4) 中, 谐振频率处 $Q_{bw}(z)$ 的增益需要满足谐振带宽的要求, 而零相位对谐振频率的准确性也很重要。因此, $Q_{bw}(z)$ 可以设计为零相位 FIR 滤波器以保证重复控制谐振频率不变。$Q_{bw}(z)$ 的设计可以考虑图 9.1所示的设计结构, 在图 9.1中, 滤波器 $Q_{11}(z)$ 到 $Q_{ab}(z)$ 均为零相位 FIR 滤波器。由于零相位 FIR 滤波器相加或相乘仍然为零相位 FIR 滤波器, 因此, $Q_{bw}(z)$ 可以通过设计多个零相位 FIR 滤波器, 并将它们叠加、相乘得到最终的滤波器 $Q_{bw}(z)$, 使其具有特定的幅频特性, 即

$$|Q_{bw}(z)| = \prod_x^a \sum_y^b |Q_{xy}(z)| \tag{9.18}$$

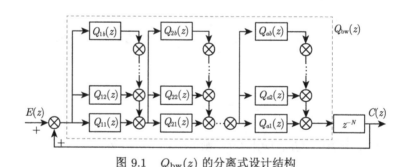

图 9.1　$Q_{bw}(z)$ 的分离式设计结构

9.2　MBRC 控制结构和稳定性分析

图 9.2给出了插入式 MBRC 结构, 其中内模由 $Q_{bw}(z)$ 和 z^{-N} 组成。$i_g(z)$ 到 $i_{ref}(z)$ 的传递函数表达式为

$$\frac{i_g(z)}{i_{ref}(z)} = \frac{\{1 - Q_{bw}(z)z^{-N}[1 - k_r S(z)]\}G_p(z)}{1 - Q_{bw}(z)z^{-N}[1 - k_r S(z)G_p(z)]} \tag{9.19}$$

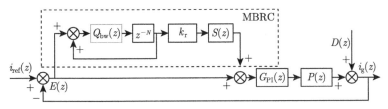

图 9.2 插入式 MBRC 控制结构

其中，$G_{\mathrm{p}}(z) = G_{\mathrm{PI}}(z)P(z)/[1 + G_{\mathrm{PI}}(z)P(z)]$。系统的稳定条件为：

①$G_{\mathrm{p}}(z)$ 稳定；

②$|H(z)| = |Q_{\mathrm{bw}}(z)[1 - k_{\mathrm{r}}S(z)G_{\mathrm{p}}(z)]| < 1$。

将 $Q_{\mathrm{bw}}(z)$、$S(z)$、$G_{\mathrm{p}}(z)$ 的幅频特性和相频特性分别写为：$Q_{\mathrm{bw}}(\mathrm{e}^{\mathrm{j}\omega}) = N_{\mathrm{Q}}(\mathrm{e}^{\mathrm{j}\omega})$ $\cdot \mathrm{e}^{\theta_{\mathrm{Q}}(\mathrm{e}^{\mathrm{j}\omega})}$、$S(\mathrm{e}^{\mathrm{j}\omega}) = N_{\mathrm{S}}(\mathrm{e}^{\mathrm{j}\omega})\mathrm{e}^{\theta_{\mathrm{S}}(\mathrm{e}^{\mathrm{j}\omega})}$ 和 $G_{\mathrm{p}}(\mathrm{e}^{\mathrm{j}\omega}) = N_{G_{\mathrm{p}}}(\mathrm{e}^{\mathrm{j}\omega})\mathrm{e}^{\theta_{G_{\mathrm{p}}}(\mathrm{e}^{\mathrm{j}\omega})}$。接着 $|H(z)| < 1$ 可以表达为

$$|N_{\mathrm{Q}}(\mathrm{e}^{\mathrm{j}\omega})[1 - k_{\mathrm{r}}N_{\mathrm{S}}(\mathrm{e}^{\mathrm{j}\omega})N_{G_{\mathrm{p}}}(\mathrm{e}^{\mathrm{j}\omega})\mathrm{e}^{\theta(\mathrm{e}^{\mathrm{j}\omega})}]| < 1 \tag{9.20}$$

其中，$\theta(\mathrm{e}^{\mathrm{j}\omega}) = \theta_{G_{\mathrm{p}}}(\mathrm{e}^{\mathrm{j}\omega}) + \theta_{\mathrm{S}}(\mathrm{e}^{\mathrm{j}\omega})$。将公式 (9.20) 平方，可以解出 k_{r} 的取值范围为

$$\frac{\cos\theta(\mathrm{e}^{\mathrm{j}\omega}) - \sqrt{\cos^2\theta(\mathrm{e}^{\mathrm{j}\omega}) - 1 + \dfrac{1}{N_{\mathrm{Q}}^2(\mathrm{e}^{\mathrm{j}\omega})}}}{N_{\mathrm{S}}(\mathrm{e}^{\mathrm{j}\omega})N_{G_{\mathrm{p}}}(\mathrm{e}^{\mathrm{j}\omega})} < 0 < k_{\mathrm{r}}$$

$$< \frac{\cos\theta(\mathrm{e}^{\mathrm{j}\omega}) + \sqrt{\cos^2\theta(\mathrm{e}^{\mathrm{j}\omega}) - 1 + \dfrac{1}{N_{\mathrm{Q}}^2(\mathrm{e}^{\mathrm{j}\omega})}}}{N_{\mathrm{S}}(\mathrm{e}^{\mathrm{j}\omega})N_{G_{\mathrm{p}}}(\mathrm{e}^{\mathrm{j}\omega})} \tag{9.21}$$

k_{r} 的设计应满足式 (9.21) 的范围。

9.3 MBRC 控制器参数设计

分别设计带宽重复控制和多谐振带宽重复控制两种方法的控制参数。并网逆变器的主要参数如表 9.1所示。其中 PI 控制器的参数 $k_{\mathrm{p}} = 15$，$k_{\mathrm{i}} = 13000$，RC 的增益 $k_{\mathrm{r}} = 14$。

当电网频率的变化范围在 49.8~50.2Hz 之间时，重复控制在 1、3、5、7 等次谐波处的谐振带宽分别为 0.2Hz、0.6Hz、1Hz、1.4Hz 等。根据式 (9.15)，$Q_{\mathrm{bw}}(z)$ 在 1、3、5 等次谐波对应的增益要求分别是 0.9752、0.9752^3、0.9752^5 等。然而，同时满足这些增益条件对 $Q_{\mathrm{bw}}(z)$ 的设计要求较高。所以，由于传统重复控制中内模常数经常选为 0.95，因此基频要求可以适当降低到 0.95。$Q_{\mathrm{bw}}(z)$ 在 3 次、5

次谐波频率处的取值应尽可能准确, 在其他次谐波取值可以适当放宽其增益。作为对比, 用 MATLAB 的等纹波 FIR 滤波器设计方法设计了图 9.3所示零相位 FIR 滤波器, 可以看到, 在 50Hz、150Hz 和 250Hz 处的取值与期望值都有不小的差距。

表 9.1　　并网逆变器的主要参数

参数	取值
直流母线电压 U_{dc}	380 V
电网电压有效值 U_{g}	220 V
电网频率 f_{g}	50 Hz
采样频率 f_{s}	10 kHz
开关频率 f_{sw}	10 kHz
逆变侧电感 L_1	3.6 mH
网侧电感 L_2	2.1 mH
滤波电容 C	10 μF

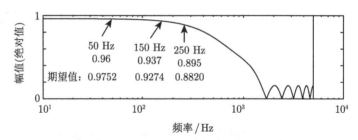

图 9.3　　等纹波设计方法得到的零相位 FIR 滤波器

下面给出一种关于 $Q_{\mathrm{bw}}(z)$ 的设计思路。首先需要设计一个零相位 FIR 滤波器 $Q_{11}(z)$, 使其在 150Hz 和 250Hz 的幅值为 0.9752^3 和 0.9752^5, 并且 50Hz 处的幅值在 0.95~0.9752 附近。已知 M_{F}(M_{F} 为偶数) 阶零相位 FIR 滤波器的幅频特性可表示为

$$|G_{\mathrm{FIR}}(\omega)| = h\left(\frac{M_{\mathrm{F}}}{2}\right) + \sum_{n=0}^{\frac{M_{\mathrm{F}}-2}{2}} 2h(n)\cos\left[\left(n - \frac{M_{\mathrm{F}}}{2}\right)\omega\right] \tag{9.22}$$

通过式 (9.22) 以及在 150Hz 和 250Hz 处的增益, 可以列出关于 $Q_{11}(z)$ 各参数的关系。为了能够进一步平滑 $Q_{11}(z)$ 的频率特性, 可以提高 $Q_{11}(z)$ 的阶数, 这里将 $Q_{11}(z)$ 设计为六阶滤波器, 根据 $h(0)$ 到 $h(3)$ 的 4 个参数以及由式 (9.22) 在 150Hz 和 250Hz 处的增益要求得出的 2 个等式构成线性方程组。对此可以根据式 (9.22) 增加额外的线性方程, 转化为线性规划问题等方法进行求解, 再判断

求解出的 $Q_{11}(z)$ 是否满足需求。这里的线性规划约束条件可设置为：50Hz 处的增益在 0.95~0.9752 之间，5000Hz 处的增益小于 1(保证系统的稳定性)。$Q_{11o}(z)$ 求解结果为

$$Q_{11o}(z) = 0.206z^3 - 0.271z^2 - 0.271z^{-2} + 0.206z^{-3} \qquad (9.23)$$

式 (9.23) 的频率特性如图 9.4所示。在 $Q_{11o}(z)$ 的设计结果中，50Hz、150Hz 和 250Hz 处的增益在约束条件的作用下满足设计要求，但从 7 次到 13 次谐波频率的增益由于频率特性衰减较快的作用而小于期望的增益，这是由于滤波器阶数限制导致其增益的取值受到限制。在不提升滤波器阶数的情况下，可以设计额外的滤波器对其进行一定的补偿。此外，$Q_{11o}(z)$ 在高频带的衰减特性并不显著，因此需要加入额外的低通滤波器进行滤波。

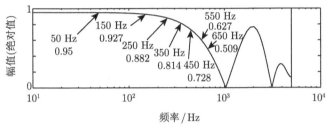

图 9.4　$Q_{11o}(z)$ 的频率特性

对 7 次到 13 次谐波频率的增益补偿需考虑低频增益会受到相应的影响，但是直接提升滤波器的整体增益会同时改变基频到 5 次谐波频率的增益，所以可以采用 $Q_{12}(z)$ 进行增益叠加的方式，根据需要提升的频带特性，高通滤波器和带通滤波器都可以用于增益的补偿设计。这里使用 MATLAB 的等纹波法设计四阶的高通滤波器为

$$Q_{12}(z) = -0.446z^2 - 0.022z + 0.978 - 0.022z^{-1} - 0.446z^{-2} \qquad (9.24)$$

改变 $Q_{11}(z)$ 的约束条件重新设计，即分别在 50Hz、150Hz 和 250Hz 的增益约束上减去 $Q_{12}(z)$ 在对应频率处的增益，$Q_{11}(z)$ 的设计结果为

$$Q_{11}(z) = 0.592z^3 - 0.136z^2 - 0.136z^{-2} + 0.592z^{-3} \qquad (9.25)$$

对于 $Q_{11}(z)$ 高频特性的衰减，则设计 $Q_{21}(z)$ 对高频特性进行滤波，用 MATLAB 的 Kaiser 窗口设计六阶的低通滤波器为

$$Q_{21}(z) = -0.070z^3 + 0.072z^2 + 0.296z + 0.405 + 0.296z^{-1} + 0.072z^{-2} - 0.070z^{-3}$$
$$(9.26)$$

根据图 9.1，可得到 $Q_{\mathrm{bw}}(z)$ 的设计结果为

$$Q_{\mathrm{bw}}(z) = [Q_{11}(z) + Q_{12}(z)]\,[Q_{21}(z) + Q_{22}(z)] \tag{9.27}$$

其中，$Q_{22}(z) = 0$。

图 9.5给出了 $Q_{11}(z)$、$Q_{12}(z)$ 和 $Q_{21}(z)$ 的幅频特性，$Q_{11}(z)$、$Q_{12}(z)$ 通过叠加的方式形成新的滤波器，该滤波器在 150Hz 和 250Hz 满足了设计要求，而 $Q_{21}(z)$ 的低通滤波器特性可以消除 $Q_{11}(z)$、$Q_{12}(z)$ 叠加后滤波器的高频增益，并且不会影响其低频段的增益。图 9.6是由 $Q_{11}(z)$、$Q_{12}(z)$ 和 $Q_{21}(z)$ 构成的 $Q_{\mathrm{bw}}(z)$ 的频率特性，显然 $Q_{\mathrm{bw}}(z)$ 是零相位 FIR 滤波器，在 50Hz、150Hz 和 250Hz 处的增益满足设计要求，在 7、9、11、13 次谐波频率的增益均小于期望增益。因此，$Q_{\mathrm{bw}}(z)$ 的设计结果更适用于提高重复控制的电网频率适应性。

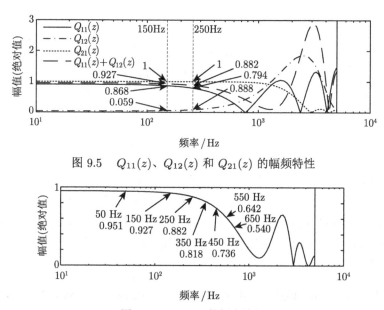

图 9.5 $Q_{11}(z)$、$Q_{12}(z)$ 和 $Q_{21}(z)$ 的幅频特性

图 9.6 $Q_{\mathrm{bw}}(z)$ 的频率特性

从图 9.6$Q_{\mathrm{bw}}(z)$ 和图 9.3等纹波法设计的滤波器可以看出，使用较低阶的 FIR 滤波器设计出完全满足期望增益要求的滤波器是非常困难的，这是具有多谐振带宽的重复控制设计中的主要问题。而 $Q_{\mathrm{bw}}(z)$ 作为零相位 FIR 滤波器的结构和实现过程相对简单，12 阶的滤波器只需要 12 次加法运算和 13 次乘法运算，减少了计算量。

多谐振带宽重复控制的内模 $Q_{\mathrm{bw}}(z)$ 为低通滤波器，其对于高频的衰减特性较好，因此，不需要在 $S(z)$ 中再设计低通滤波器，仅把相位补偿 z^m 包含到 $S(z)$

中。设计相位补偿 z^5 后，绘制 k_r 的取值范围如图 9.7所示，常数 k_r 取 1.443 以下时，系统理论上稳定。为留有足够的稳定裕度，k_r 取 1。

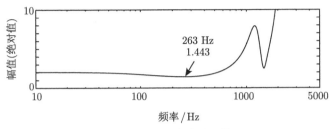

图 9.7　k_r 在各频率点的取值上限

多谐振带宽重复控制的开环幅频特性在图 9.8中给出，系统的主要谐波频率的增益相对较大，可以有效抑制入网电流的谐波含量，其效果可以通过实验进行验证。

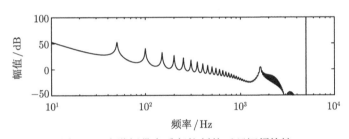

图 9.8　多谐振带宽重复控制的开环幅频特性

9.4　实验验证

实验使用 Chroma 61512 可编程交流电源对电网进行模拟，实验的逆变器、直流源等配置与第 7 章相同。实验主要对比传统重复控制（CRC）、频率自适应分数阶重复控制（frequency adaptive repetitive control，FARC）、带宽重复控制（bandwidth repetitive control，BRC）和多谐振带宽重复控制（MBRC）的效果。其中，传统重复控制使用式 (2.15) 的内模滤波器。

图 9.9给出了 CRC、FARC、BRC 和 MBRC 在 50Hz 时的稳态响应图，对应的 THD 分别为 2.02%、2.05%、2.02% 和 2.08%。可以看出 4 种控制器在电网频率为 50Hz 时都具有良好的控制效果。

图 9.10和图 9.11分别给出了当电网频率波动至 49.8Hz 和 50.2Hz 下不同控制方法的电网电流波形图。从图 9.10(a) 和图 9.11(a) 可以看出，CRC 的 THD

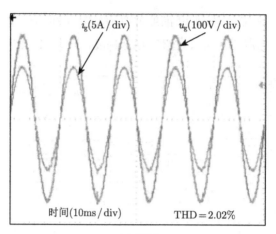

(a) CRC

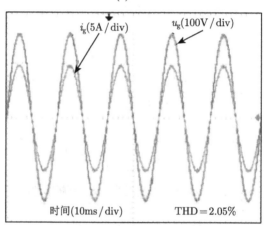

(b) FARC

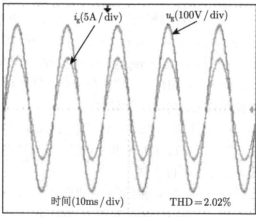

(c) BRC

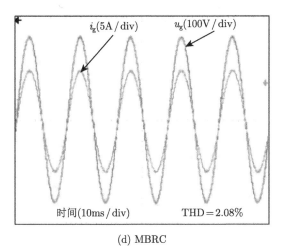

(d) MBRC

图 9.9 不同控制器 50Hz 下的稳态响应

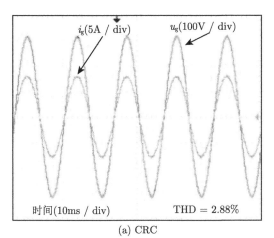

(a) CRC

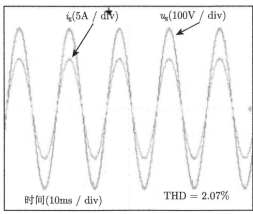

(b) FARC

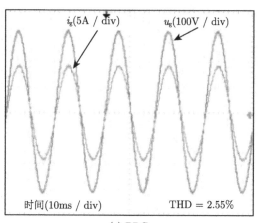

(c) BRC

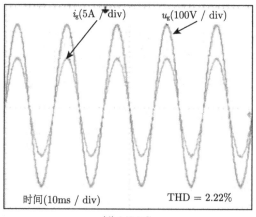

(d) MBRC

图 9.10   不同控制器 49.8Hz 下的稳态响应

分别增加到 2.88% 和 3.44%，显然，传统重复控制受电网频率变化的影响较为明显。带宽重复控制 BRC 如图 9.10(c) 和图 9.11(c) 所示，THD 值分别为 2.55% 和 2.64%，与 CRC 相比有明显的提升。使用多带宽 MBRC 的电网电流 THD 分别为 2.22% 和 2.26%，与 CRC 和 BRC 相比，具有更好的参考电流跟踪能力。同时，多带宽 MBRC 略逊于频率自适应 FARC。

图 9.12给出了参考电流幅值从 5A 跳变到 10A 时 4 种重复控制的动态响应，可以看到，图中的电流参考均经过约 4 个周期回到稳态，且没有出现剧烈的突变情况，这说明 4 种重复控制具有良好的动态特性。

综合上述实验结果，传统重复控制的稳态控制精度受电网频率变化的影响较大，与带宽重复控制相比，多谐振带宽重复控制的谐波抑制能力对电网频率的鲁

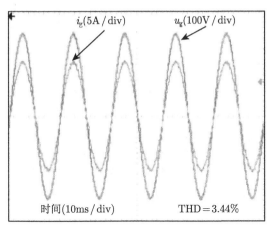

(a) CRC

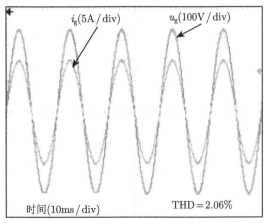

(b) FARC

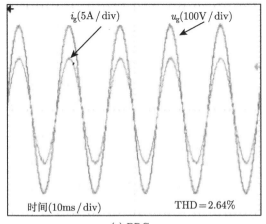

(c) BRC

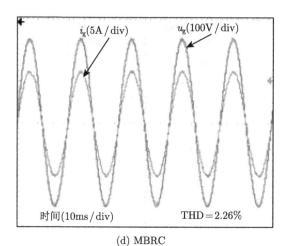

(d) MBRC

图 9.11　不同控制器 50.2Hz 下的稳态响应

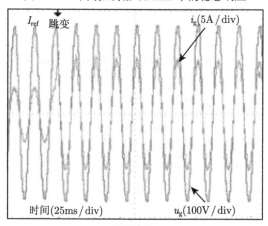

(a) CRC

(b) FARC

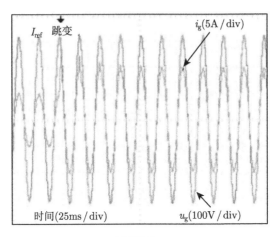

(c) BRC

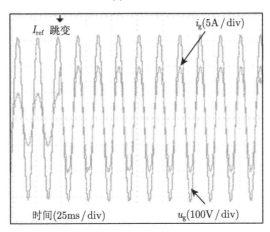

(d) MBRC

图 9.12 不同控制器下的动态响应

棒性更好，而频率自适应分数阶重复控制的控制性能几乎不受电网频率变化的影响。然而，频率自适应重复控制方法由式 (4.3) 和式 (4.10) 计算得出，若取阶数 M，则需要额外的 $M+1+(2M-1)(M+1)$ 次乘法和 $M+2M(M+1)$ 次加法。而多带宽重复控制仅需要 $M+1$ 次乘法和 M 次加法。多带宽重复控制相比频率自适应重复控制，明显减少了计算量。

9.5　本章小结

本章通过对重复控制的内模分析，推导出重复控制内模滤波器与重复控制各个谐振峰的频率和谐振带宽的数学关系，进而提出了多谐振带宽重复控制的方法，用以提升重复控制对电网频率变化的鲁棒性。通过实验，对使用传统内模滤波器的传统重复控制、频率自适应分数阶重复控制、带宽重复控制和多谐振带宽重复控制进行电网频率变化的验证。得到电网频率变化时，CRC 控制存在严重的鲁棒性问题；BRC 控制对谐波分量的影响无法消除；FARC 控制效果最好，但实现方法最复杂，消耗的运算时间最多；而 MBRC 控制能够在一定程度上削弱电网频率变化的影响，且实现方法简单。

第 10 章　面向 LCL 参数变化的重复控制稳定性分析与设计

由于控制带宽的限制，被控对象的高频特性会受到参数摄动、结构建模等不确定因素的影响，可能导致 RC 控制系统的不稳定。本章面向 LCL 参数变化讨论重复控制在并网逆变器中的稳定性和鲁棒性。尽管第 3 章 3.3.2 节中，已经基于小增益原理进行了稳定条件的频域特性初步分析，但未指明提高 RC 鲁棒性的方向。本章通过进一步深入分析稳定条件频域特性，在 RC 的内模中采用无限脉冲响应（infinite impulse response，IIR）滤波器来提高系统的鲁棒性。为了减轻 IIR 滤波器相位滞后引起的 RC 增益降低的影响，提出了一种近似的简单相位补偿计算方法。接着，详细分析了 IIR 滤波器引起的 RC 增益衰减和频率偏差的影响进而加以解决，并采用实时调整 IIR 滤波器相位补偿器的方法来抵抗电网频率变化。最后，给出了参数设计，并在存在不确定性情况下进行了对比实验，以证明所提出方法的有效性。

10.1　基于小增益原理的稳定条件频域特性深入分析

根据重复控制与 PI 级联的控制框图 3.1(a)[108]，将 RC 环节展开可以得到框图 10.1。

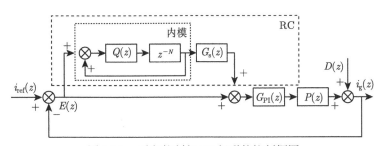

图 10.1　重复控制与 PI 级联的控制框图

在图 10.1中，重复控制的传递函数为

$$G_{\mathrm{rc}}(z) = \frac{Q(z)z^{-N}}{1 - Q(z)z^{-N}} \tag{10.1}$$

为分析系统的稳定性，求出从 $i_{\text{ref}}(z)$ 到 $i_{\text{g}}(z)$ 系统的闭环传递函数表达式为

$$\frac{i_{\text{g}}(z)}{i_{\text{ref}}(z)} = \frac{\left\{1 - Q(z)z^{-N}\left[1 - G_{\text{S}}(z)\right]\right\}G_{\text{p}}(z)}{1 - Q(z)z^{-N}\left[1 - G_{\text{S}}(z)G_{\text{p}}(z)\right]} \tag{10.2}$$

其中，$G_{\text{S}}(z)$ 是 RC 的补偿器；$G_{\text{p}}(z)=G_{\text{PI}}(z)P(z)/[1 + G_{\text{PI}}(z)P(z)]$。由此，系统的稳定条件为：

① $G_{\text{p}}(z)$ 稳定；

② $|H(z)|=|Q(z)[1 - G_{\text{S}}(z)G_{\text{p}}(z)]| < 1$。

根据稳定条件②，$H(z)$ 的频率特性表达式为

$$H(\text{j}\omega) = Q(\text{j}\omega)\left[1 - G_{\text{S}}(\text{j}\omega)G_{\text{p}}(\text{j}\omega)\right] \tag{10.3}$$

将频率特性 $G_{\text{S}}(\text{j}\omega)G_{\text{p}}(\text{j}\omega)$ 记为

$$G_{\text{S}}(\text{j}\omega)G_{\text{p}}(\text{j}\omega) = X(\omega) + \text{j}Y(\omega) \tag{10.4}$$

其中，$X(\omega)$ 为频率特性的实部；$Y(\omega)$ 为频率特性的虚部，而 $X(\omega)$ 和 $Y(\omega)$ 均为实数。将式 (10.4) 代入式 (10.3) 中，得到

$$H(\text{j}\omega) = Q(\text{j}\omega)[1 - X(\omega) - \text{j}Y(\omega)] \tag{10.5}$$

$H(\text{j}\omega)$ 的幅值为

$$|H(\text{j}\omega)| = |Q(\text{j}\omega)||1 - X(\omega) - \text{j}Y(\omega)| = |Q(\text{j}\omega)|\sqrt{[1 - X(\omega)]^2 + Y^2(\omega)} \tag{10.6}$$

假设 $Q(z)=1$，在频率特性 $G_{\text{S}}(\text{j}\omega)G_{\text{p}}(\text{j}\omega)$ 的相位小于 $-90°$ 或大于 $90°$ 的频带处，$X(\omega)$ 的值为负数，此时，$1 - X(\omega) > 1$，$|H(z)| > 1$，必然不满足稳定条件②要求。因此，为使稳定条件②成立有两种方法，其一为 $G_{\text{S}}(\text{j}\omega)G_{\text{p}}(\text{j}\omega)$ 的相位在全频带内位于 $\pm 90°$ 之内；其二是在 $G_{\text{S}}(\text{j}\omega)G_{\text{p}}(\text{j}\omega)$ 的相位处于 $\pm 90°$ 之外的频带范围内，降低 $Q(z)$ 的增益以减小 $1 - G_{\text{S}}(\text{j}\omega)G_{\text{p}}(\text{j}\omega)$ 增益。

由上述分析可知，$G_{\text{S}}(z)$ 是稳定条件②成立与否的关键，其设计应当具备衰减增益、补偿相位的功能。为进一步分析 $G_{\text{S}}(z)$ 的设计要求，将 $G_{\text{S}}(z)$、$G_{\text{p}}(z)$、$Q(z)$ 的幅频特性和相频特性分别写为 $N_{\text{S}}(\omega)$ 和 $\theta_{\text{S}}(\omega)$、$N_{\text{p}}(\omega)$ 和 $\theta_{\text{p}}(\omega)$、$N_{\text{Q}}(\omega)$ 和 $\theta_{\text{Q}}(\omega)$，可知 $N_{\text{S}}(\omega)$、$N_{\text{p}}(\omega)$、$N_{\text{Q}}(\omega)$ 在全频带上大于 0，根据 $|H(z)| < 1$ 和式 (10.3) 可以得到

$$|N_{\text{Q}}(\omega)[1 - N_{\text{S}}(\omega)N_{\text{p}}(\omega)\text{e}^{\text{j}[\theta_{\text{S}}(\omega)+\theta_{\text{p}}(\omega)]}]| < 1 \tag{10.7}$$

将式 (10.7) 两边平方, 可得

$$1 + N_{\mathrm{S}}^2(\omega)N_{\mathrm{p}}^2(\omega) - 2N_{\mathrm{S}}(\omega)N_{\mathrm{p}}(\omega)\cos\left[\theta_{\mathrm{S}}(\omega) + \theta_{\mathrm{p}}(\omega)\right] < \frac{1}{N_{\mathrm{Q}}^2(\omega)} \quad (10.8)$$

需要注意的是, 式 (10.7) 中, 不等式左边是模值。式 (10.8) 中, $\cos\left[\theta_{\mathrm{S}}(\omega) + \theta_{\mathrm{p}}(\omega)\right]$ 是唯一的相位特性, 以此为基础变换式 (10.8) 为

$$\cos\left[\theta_{\mathrm{S}}(\omega) + \theta_{\mathrm{p}}(\omega)\right] > \frac{N_{\mathrm{S}}(\omega)N_{\mathrm{p}}(\omega)}{2} + \frac{1}{2N_{\mathrm{S}}(\omega)N_{\mathrm{p}}(\omega)} - \frac{1}{2N_{\mathrm{S}}(\omega)N_{\mathrm{p}}(\omega)N_{\mathrm{Q}}^2(\omega)}$$
$$(10.9)$$

令

$$N_{\mathrm{right}}(\omega) = \frac{N_{\mathrm{S}}(\omega)N_{\mathrm{p}}(\omega)}{2} + \frac{1}{2N_{\mathrm{S}}(\omega)N_{\mathrm{p}}(\omega)} - \frac{1}{2N_{\mathrm{S}}(\omega)N_{\mathrm{p}}(\omega)N_{\mathrm{Q}}^2(\omega)} \quad (10.10)$$

结合式 (10.10), 式 (10.9) 进一步变换为

$$-\arccos\left[N_{\mathrm{right}}(\omega)\right] - \theta_{\mathrm{p}}(\omega) < \theta_{\mathrm{S}}(\omega) < \arccos\left[N_{\mathrm{right}}(\omega)\right] - \theta_{\mathrm{p}}(\omega) \quad (10.11)$$

则式 (10.11) 给出了 $G_{\mathrm{S}}(z)$ 的相位特性应该满足的条件, 其中, $N_{\mathrm{right}}(\omega)$ 中包含了 $G_{\mathrm{S}}(z)$ 的幅频特性 $N_{\mathrm{S}}(\omega)$。为避免 $G_{\mathrm{S}}(z)$ 修正相位特性的同时改变 $G_{\mathrm{S}}(z)$ 的幅频特性, 可以采用线性相位补偿器或者全通滤波器对相位进行修正, 通常而言, 简单易实现的线性相位补偿器足以满足相位设计需求。事实上, 基于式 (10.6) 的分析, 相位补偿的设计可直接根据 $G_{\mathrm{S}}(z)G_{\mathrm{p}}(z)$ 的相频特性, 使其相位尽可能位于 $\pm 90°$ 之内。

为研究 $G_{\mathrm{S}}(z)$ 的幅频特性需求, 可求解式 (10.8) 中 $N_{\mathrm{S}}(\omega)$ 的范围

$$\frac{\cos\left[\theta_{\mathrm{S}}(\omega) + \theta_{\mathrm{p}}(\omega)\right] - \sqrt{\cos^2\left[\theta_{\mathrm{S}}(\omega) + \theta_{\mathrm{p}}(\omega)\right] - 1 + \dfrac{1}{N_{\mathrm{Q}}^2(\omega)}}}{N_{\mathrm{p}}(\omega)} < 0 < N_{\mathrm{S}}(\omega)$$

$$< \frac{\cos\left[\theta_{\mathrm{S}}(\omega) + \theta_{\mathrm{p}}(\omega)\right] + \sqrt{\cos^2\left[\theta_{\mathrm{S}}(\omega) + \theta_{\mathrm{p}}(\omega)\right] - 1 + \dfrac{1}{N_{\mathrm{Q}}^2(\omega)}}}{N_{\mathrm{p}}(\omega)}$$
$$(10.12)$$

其中, 式 (10.12) 成立的充分条件为

$$N_{\mathrm{Q}}(\omega) < 1 \quad (10.13)$$

式 (10.13) 保证了式 (10.12) 中根号内必然大于 0，这就是传统重复控制的设计中 $Q(z)$ 的幅值在全频带小于 1 的原因。依据式 (10.12)，可以绘制 $N_\mathrm{S}(\omega)$ 随频率变化的取值范围，对于取值范围内不平滑的部分，可以通过设计额外的补偿器对其进行补偿。由于 $N_\mathrm{S}(\omega)$ 与系统的开环增益呈正相关，因此，取更大的 $N_\mathrm{S}(\omega)$ 也是 $G_\mathrm{S}(z)$ 设计的要素之一。

10.2　基于内模的重复控制鲁棒性改进

当内模滤波器 $Q(z)$ 为 IIR 滤波器时，其相位滞后可以通过设计全通滤波器的方式进行补偿[50]。该方法有效地补偿了 IIR 滤波器在部分频带上的相位问题，但全通滤波器的设计过程较为复杂，需要通过大量的迭代运算设计完成。为简化 IIR 内模滤波器的相位补偿问题，本节讨论采用简单的线性相位对 IIR 内模滤波器的相位进行补偿的方法[109]。

10.2.1　线性相位超前补偿器的理论推导

将包含内模滤波器 $Q(z)$ 的重复控制由离散域变为连续域，得到

$$G_\mathrm{qrc}(s) = \frac{Q(s)\mathrm{e}^{-sT_0}}{1 - Q(s)\mathrm{e}^{-sT_0}} = \frac{\mathrm{e}^{\ln Q(s)}\mathrm{e}^{-sT_0}}{1 - \mathrm{e}^{\ln Q(s)}\mathrm{e}^{-sT_0}} = \frac{\mathrm{e}^{\ln Q(s) - sT_0}}{1 - \mathrm{e}^{\ln Q(s) - sT_0}} \tag{10.14}$$

结合式 (2.7) 和式 (10.14)，可得

$$G_\mathrm{qrc}(s) = -\frac{1}{2} + \frac{1}{T_0 s - \ln Q(s)} + \frac{2}{T_0} \sum_{k=1}^{\infty} \frac{s - \dfrac{\ln Q(s)}{T_0}}{\left(s - \dfrac{\ln Q(s)}{T_0}\right)^2 + (k\omega_0)^2} \tag{10.15}$$

式 (10.15) 给出了 $Q(s)$ 对重复控制中谐振项的影响。

由于 $\ln Q(s)$ 的频率特性及其影响难以判断，因此，需要对 $\ln Q(s)$ 进行近似处理。将 $\ln Q(s)$ 通过泰勒级数在 $s=0$ 处展开，可以得到

$$\ln Q(s) = \ln Q(0) + \frac{1}{Q(0)}Q'(0)s + R_1(s) \tag{10.16}$$

其中，$Q'(s)$ 是 $Q(s)$ 对 s 的 1 阶导数；$R_1(s)$ 是 1 阶泰勒余项。当 $Q(s)$ 为低通滤波器时，其低频处的频率特性较为平滑，当 $s \to 0$ 时，$Q(s)$ 对 s 的高阶微分趋近于 0，1 阶泰勒余项可以忽略，则式 (10.16) 可记为

$$\ln Q(s) \approx \ln Q(0) + \frac{1}{Q(0)}Q'(0)s \tag{10.17}$$

将式 (10.17) 代入式 (10.15)，可得

$$G_{\text{qrc}}(s) \approx -\frac{1}{2} + \frac{1}{T_0 s - \ln Q(s)} + \frac{2}{T_0} \sum_{k=1}^{\infty} \frac{\left(1 - \dfrac{Q'(0)}{Q(0)T_0}\right)s - \dfrac{\ln Q(0)}{T_0}}{\left[\left(1 - \dfrac{Q'(0)}{Q(0)T_0}\right)s - \dfrac{\ln Q(0)}{T_0}\right]^2 + (k\omega_0)^2}$$

(10.18)

令

$$F = \frac{Q'(0)}{Q(0)T_0}$$

(10.19)

将式 (10.19) 代入式 (10.18)，可得

$$G_{\text{qrc}}(s) \approx -\frac{1}{2} + \frac{1}{T_0 s - \ln Q(s)} + \frac{2}{(1-F)T_0} \sum_{k=1}^{\infty} \frac{s - \dfrac{\ln Q(0)}{(1-F)T_0}}{\left[s - \dfrac{\ln Q(0)}{(1-F)T_0}\right]^2 + \left(k\dfrac{\omega_0}{1-F}\right)^2}$$

(10.20)

为便于说明，令

$$G_{\text{r}}(k) = \frac{s - \dfrac{\ln Q(0)}{(1-F)T_0}}{\left[s - \dfrac{\ln Q(0)}{(1-F)T_0}\right]^2 + \left(k\dfrac{\omega_0}{1-F}\right)^2}$$

(10.21)

从式 (10.21) 中可知，谐振项的谐振频率从 $k\omega_0$ 变为近似项 $k\omega_0(1-F)$。而根据式 (10.18)，多出的 $-F$ 项可以通过设计额外的 F 项进行抵消以将偏移的谐振频率补偿为重复控制原有的谐振频率，即在式 (10.18) 中加入额外的 Fs 项，则式 (10.15) 对应修改为

$$G_{\text{qrcc}}(s) = -\frac{1}{2} + \frac{1}{T_0(1+F)s - \ln Q(s)} + \frac{2}{T_0} \sum_{k=1}^{\infty} \frac{(1+F)s - \dfrac{\ln Q(s)}{T_0}}{\left[(1+F)s - \dfrac{\ln Q(s)}{T_0}\right]^2 + (k\omega_0)^2}$$

(10.22)

而式 (10.14) 变化为

$$G_{\text{qrcc}}(s) = \frac{e^{\ln Q(s)-(1+F)sT_0}}{1 - e^{\ln Q(s)-(1+F)sT_0}} = \frac{e^{\ln Q(s)}e^{-(1+F)sT_0}}{1 - e^{\ln Q(s)}e^{-(1+F)sT_0}} = \frac{Q(s)e^{-FsT_0}e^{-sT_0}}{1 - Q(s)e^{-FsT_0}e^{-sT_0}}$$

(10.23)

式 (10.23) 中，根据 $z=\mathrm{e}^{sT_s}$ 可以得到 e^{-FsT_0} 的离散域表达式为 z^{-n}，其中

$$n = \frac{FT_0}{T_s} \tag{10.24}$$

因此，线性相位补偿环节 z^{-n} 可以用来补偿 $Q(z)$ 相位对于重复控制的谐振频率偏移，其中 n 可以通过式 (10.19) 和式 (10.24) 进行计算。由于 n 的取值很可能是分数，因此 z^{-n} 的实现可以使用第 4 章采用过的拉格朗日插值法进行近似等效。

10.2.2　IIR 内模滤波器的相位超前补偿

相对于 FIR 滤波器，IIR 滤波器可以使用更低的阶数实现相同的滤波特性。这里设计二阶巴特沃思低通滤波器进行对比，滤波器的截止频率设计为 850Hz，则滤波器的传递函数 $Q_{\mathrm{b2}}(z)$ 为

$$Q_{\mathrm{b2}}(z) = \frac{0.0512z^2 + 0.1024z + 0.0512}{z^2 - 1.266z + 0.4706} \tag{10.25}$$

将式 (10.25) 代替式 (10.1) 中的 $Q(z)$ 可以得到基于 IIR 内模滤波器的重复控制。

以 IIR 滤波器 $Q_{\mathrm{b2}}(z)$ 为例，采用线性相位补偿环节 z^{-n} 进行补偿。根据式 (10.19) 可得 F 为 -0.0129，再由式 (10.24) 计算得到 n 为 -2.5847，因此，需要的线性相位超前补偿环节为 $z^{2.5847}$，补偿后的 IIR 滤波器表达式为

$$Q_{\mathrm{b2z}}(z) = Q_{\mathrm{b2}}(z)z^3(0.5847 + 0.4153z^{-1}) \tag{10.26}$$

绘制 $Q_{\mathrm{b2z}}(z)$ 及其相关环节的频率特性如图 10.2所示。从图中可以看到，$Q_{\mathrm{b2}}(z)$ 的相位滞后在低频处被相位超前环节补偿，$Q_{\mathrm{b2}}(z)$ 在 300Hz 以内的频段相位基本为 0，在 300~1000Hz 的相位仍有小幅偏移。通过 $z=\mathrm{e}^{sT_s}$，将式 (10.14)、式 (10.23) 和式 (10.21) 转换到离散域。图 10.3给出了重复控制使用 IIR 滤波器时 $G_{\mathrm{qrc}}(z)$、$G_{\mathrm{qrcc}}(z)$ 和 $G_{\mathrm{r}}(k)$ 的频率特性，可以看到 $Q_{\mathrm{b2}}(z)$ 导致重复控制的谐振频率发生如 $G_{\mathrm{qrc}}(z)$ 所示的偏移，而 $G_{\mathrm{r}}(k)(k=1)$ 与 $G_{\mathrm{qrc}}(z)$ 的频率特性基本重合，说明式 (10.17) 给出的近似结果与原始传递函数基本一致。而 $G_{\mathrm{qrcc}}(z)$ 的频率特性表明在低频段线性相位补偿很好地补偿了 $G_{\mathrm{qrc}}(z)$ 中的相位偏移。从重复控制的频率特性表现上看，上述的线性相位补偿设计基本符合 IIR 滤波器的设计要求。

逆变器的主要参数见表 9.1，根据式 (10.11)，图 10.4给出了 $\theta_S(\omega)$ 的取值边界，线性相位补偿环节 $z^1 \sim z^8$ 可使系统稳定。图 10.5中 $H(z)$ 在电感电容值发生有限变化时，$Q_{\mathrm{b2z}}(z)$ 能使系统保持稳定。内模滤波器使用 $Q_{\mathrm{b2z}}(z)$ 时，系统的

开环幅频特性如图 10.6所示，基频及 3、5、7、9、11、13 次谐波的增益在图中标出，其中 11 和 13 次谐波频率处，谐振峰分别偏移到 549.5Hz 和 649.5Hz。作为对比，内模滤波器使用 $Q(z)$ 时，系统的开环幅频特性如图 10.7所示。可以看到，其谐波增益在 350Hz 到奈氏频率之间，大于图 10.6中对应的谐波增益。

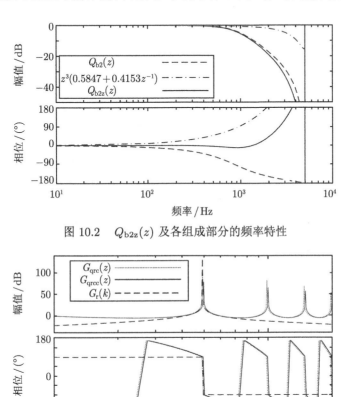

图 10.2　$Q_{b2z}(z)$ 及各组成部分的频率特性

图 10.3　当 $Q(z)$ 采用 IIR 滤波器 $Q_{b2}(z)$ 时 $G_{qrc}(z)$、$G_{qrcc}(z)$ 和 $G_r(k)(k{=}1)$ 的频率特性

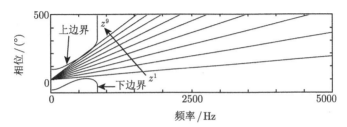

图 10.4　内模滤波器为 $Q_{b2z}(z)$ 时 $\cos\theta_S(\omega)$ 的取值边界与线性相位补偿的关系

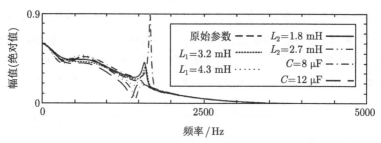

图 10.5　内模滤波器为 $Q_{b2z}(z)$ 时电感值和电容值变化对 $H(z)$ 的幅频特性影响

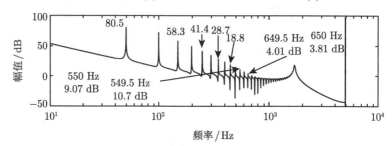

图 10.6　内模滤波器为 $Q_{b2z}(z)$ 时系统的开环幅频特性

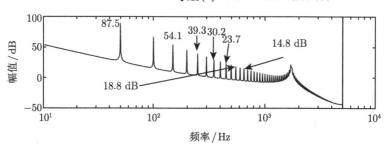

图 10.7　内模滤波器为 $Q(z)$ 时系统的开环幅频特性

10.3　实 验 验 证

重复控制鲁棒性问题的实验，主要在电感、电容的参数变化范围为 ±10% 时，对比 $Q(z)$ 和 $Q_{b2z}(z)$ 内模滤波器系统的稳定性情况，逆变器的主要参数见表 9.1。实验在一台 2kW 的并网逆变器上进行，实验的逆变器、直流源等配置与第 7 章相同。为测试电感值、电容值偏离设计值时并网逆变器的工作情况，实验时通过更换电感和电容的方式进行相关模拟。

图 10.8 给出了电感值和电容值为标称值时采用 $Q(z)$ 和 $Q_{b2z}(z)$ 内模滤波器的并网逆变器入网电流实验情况，其电流 THD 分别为 1.86% 和 1.99%。采用 $Q(z)$ 时入网电流的谐波含量略好于对比滤波器的表现，由图 10.6和图 10.7可见，其主要原因是 $Q_{b2z}(z)$ 在一定程度上削弱了重复控制对 350Hz 及以上的谐波抑制能力。

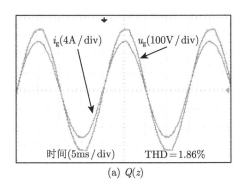
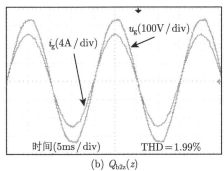

图 10.8 标称值下内模滤波器的入网电流

图 10.9~ 图 10.11分别给出了 L_1 变化、L_2 变化、C 变化时内模滤波器分别采用 $Q(z)$ 和 $Q_{b2z}(z)$ 的并网逆变器入网电流实验结果。当电感值和电容值小于标称值的情况下，使用 $Q(z)$ 为内模滤波器的并网逆变器均出现系统发散的情况，而使用 $Q_{b2z}(z)$ 为内模滤波器时，系统均保持稳定。电感值和电容值大于标称值的情况，内模滤波器为 $Q(z)$ 时并网逆变器运行稳定，与电感值和电容值取标称值时相比，滤波器对应的入网电流谐波含量均略有下降。

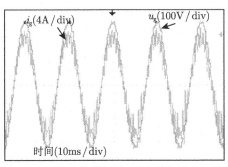

(a) $Q(z)$ ($L_1 = 3.2\text{mH}$)

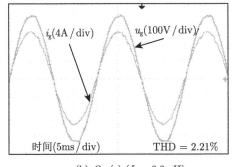

(b) $Q_{b2z}(z)$ ($L_1 = 3.2\text{mH}$)

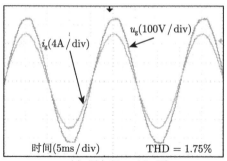

(c) $Q(z)$ ($L_1 = 4.3\text{mH}$)

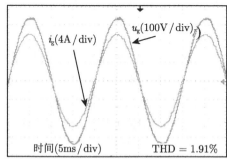

(d) $Q_{b2z}(z)$ ($L_1 = 4.3\text{mH}$)

图 10.9　L_1 变化时内模滤波器的入网电流

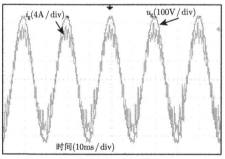

(a) $Q(z)$ ($L_2 = 1.8\text{mH}$)

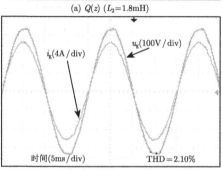

(b) $Q_{b2z}(z)$ ($L_2 = 1.8\text{mH}$)

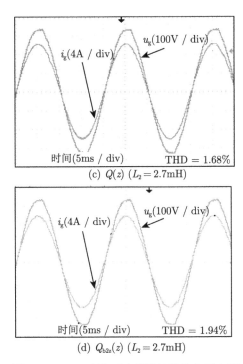

(c) $Q(z)$ ($L_2 = 2.7\text{mH}$)

(d) $Q_{\text{b2z}}(z)$ ($L_2 = 2.7\text{mH}$)

图 10.10　L_2 变化时内模滤波器的入网电流

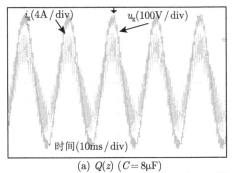

(a) $Q(z)$ ($C = 8\mu\text{F}$)

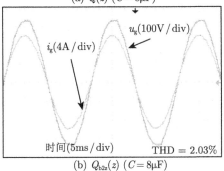

(b) $Q_{\text{b2z}}(z)$ ($C = 8\mu\text{F}$)

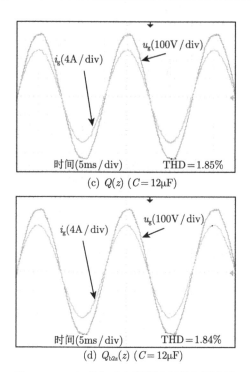

(c) $Q(z)$ ($C = 12\mu F$)

(d) $Q_{b2z}(z)$ ($C = 12\mu F$)

图 10.11　C 变化时内模滤波器的入网电流

综合上述实验结果，LCL 在标称值情况下，使用 $Q_{b2z}(z)$ 内模滤波器在控制性能方面与使用传统重复控制的内模滤波器 $Q(z)$ 没有明显差异。在并网逆变器滤波电感值或电容值发生变化时，采用传统的 $Q(z)$ 作为内模滤波器时系统的稳定性不能保证，但采用能够提高系统鲁棒性的 $Q_{b2z}(z)$ 作为内模滤波器时系统是稳定的。这说明，$Q_{b2z}(z)$ 的设计能够在一定程度上提高重复控制在并网逆变器中的鲁棒性。

10.4　本 章 小 结

本章以 LCL 型并网逆变器为对象，探讨了重复控制在并网逆变器应用中对参数摄动的稳定性问题。通过对重复控制稳定条件的分析，根据现有的滤波器设计方法，本章提出线性相位补偿的 IIR 滤波器。理论分析表明，线性相位补偿的 IIR 滤波器具有简单的设计方法和较低的实现要求。通过实验验证了所提出的滤波器在稳态性能上与传统内模滤波器相近，并且能够显著提高重复控制系统的鲁棒性。

参 考 文 献

[1] 谢小荣, 贺静波, 毛航银, 等. "双高"电力系统稳定性的新问题及分类探讨. 中国电机工程学报, 2021, 41(2): 461-474.

[2] 杨子千, 马锐, 程时杰, 等. 电力电子化电力系统稳定的问题及挑战: 以暂态稳定比较为例. 物理学报, 2020, 69(8): 088907.

[3] Nehrir M H, Wang C, Strunz K, et al. A review of hybrid renewable/alternative energy systems for electric power generation: Configurations, control, and applications. IEEE Transactions on Sustainable Energy, 2011, 2(4): 392-403.

[4] BP Statistical Review of World Energy. London: BP P.L.C., 2020.

[5] Guo X, Yang Y, He R, et al. Transformerless Z-source four-leg PV inverter with leakage current reduction. IEEE Transactions on Power Electronics, 2019, 34(5): 4343-4352.

[6] Kouro S, Leon J I, Vinnikov D, et al. Grid-connected photovoltaic systems: an overview of recent research and emerging PV converter technology. IEEE Industrial Electronics Magazine, 2015, 9(1): 47-61.

[7] Blaabjerg F, Teodorescu R, Liserre M, et al. Overview of control and grid synchronization for distributed power generation systems. IEEE Transactions on Industrial Electronics, 2006, 53(5): 1398-1409.

[8] 阮新波, 王学华, 潘冬华, 等. LCL 型并网逆变器的控制技术. 北京: 科学出版社, 2015.

[9] Mariethoz S, Morari M. Explicit model-predictive control of a PWM inverter with an LCL filter. IEEE Transactions on Industrial Electronics, 2009, 56(2): 389-399.

[10] 许德志, 汪飞, 阮毅. LCL、LLCL 和 LLCCL 滤波器无源阻尼分析. 中国电机工程学报, 2015, 35(18): 4725-4735.

[11] 庄超, 叶永强, 赵强松, 等. 基于分裂电容法的 LCL 并网逆变器控制策略分析与改进. 电工技术学报, 2015, 30(16): 85-93.

[12] Zhang B, Wang D, Zhou K, et al. Linear phase lead compensation repetitive control of a CVCF PWM inverter. IEEE Transactions on Industrial Electronics, 2008, 55(4): 1595-1602.

[13] Urasaki N, Senjyu T, Uezato K, et al. An adaptive dead-time compensation strategy for voltage source inverter fed motor drives. IEEE Transactions on Power Electronics, 2005, 20(5): 1150-1160.

[14] Reznik A, Simoes M G, Al-Durra A, et al. LCL filter design and performance analysis for grid-interconnected systems. IEEE Transactions on Industry Applications, 2014, 50(2): 1225-1232.

[15] Pan D, Ruan X, Wang X, et al. Analysis and design of current control schemes for LCL-type grid-connected inverter based on a general mathematical model. IEEE Transactions on Power Electronics, 2017, 32(6): 4395-4410.

[16] Li X, Fang J, Tang Y, et al. Capacitor-voltage feedforward with full delay compensation to improve weak grids adaptability of LCL-filtered grid-connected converters for distributed generation systems. IEEE Transactions on Power Electronics, 2018, 33(1): 749-764.

[17] 吴恒, 阮新波, 杨东升. 弱电网条件下锁相环对 LCL 型并网逆变器稳定性的影响研究及锁相环参数设计. 中国电机工程学报, 2014, 34(30): 5259-5268.

[18] Jalili K, Bernet S. Design of LCL filters of active-front-end two-level voltage-source converters. IEEE Transactions on Industrial Electronics, 2009, 56(5): 1674-1689.

[19] Peña-Alzola R, Liserre M, Blaabjerg F, et al. Analysis of the passive damping losses in LCL-filter-based grid converters. IEEE Transactions on Power Electronics, 2013, 28(6): 2642-2646.

[20] Malinowski M, Bernet S. A simple voltage sensorless active damping scheme for three-phase PWM converters with an LCL filter. IEEE Transactions on Industrial Electronics, 2008, 55(4): 1876-1880.

[21] Wessels C, Dannehl J, Fuchs F W. Active damping of LCL-filter resonance based on virtual resistor for PWM rectifiers—stability analysis with different filter parameters. IEEE Power Electronics Specialists Conference, Rhodes, Greece, 2008.

[22] Pan D, Ruan X, Bao C, et al. Capacitor-current-feedback active damping with reduced computation delay for improving robustness of LCL-type grid-connected inverter. IEEE Transactions on Power Electronics, 2014, 29(7): 3414-3427.

[23] 张宪平, 林资旭, 李亚西, 等. LCL 滤波的 PWM 整流器新型控制策略. 电工技术学报, 2007, 22(2): 74-77.

[24] 伍小杰, 孙蔚, 戴鹏, 等. 一种虚拟电阻并联电容有源阻尼法. 电工技术学报, 2010, 25(10): 122-128.

[25] Dannehl J, Fuchs F W, Hansen S, et al. Investigation of active damping approaches for PI-based current control of grid-connected pulse width modulation converters With LCL filters. IEEE Transactions on Industry Applications, 2010, 46(4): 1509-1517.

[26] 王要强, 吴凤江, 孙力, 等. 带 LCL 输出滤波器的并网逆变器控制策略研究. 中国电机工程学报, 2011, 31(12): 34-39.

[27] 许津铭, 谢少军, 肖华锋. LCL 滤波器有源阻尼控制机制研究. 中国电机工程学报, 2012, 32(9): 27-33.

[28] Ortega R, Figueres E, Garcerá G, et al. Control techniques for reduction of the total harmonic distortion in voltage applied to a single-phase inverter with nonlinear loads: Review. Renewable and Sustainable Energy Reviews, 2012, 16(3): 1754-1761.

[29] Khaligh A, Wells J R, Chapman P L, et al. Dead-time distortion in generalized selective harmonic control. IEEE Transactions on Power Electronics, 2008, 23(3): 1511-1517.

[30] Abeyasekera T, Johnson C M, Atkinson D J, et al. Suppression of line voltage related distortion in current controlled grid connected inverters. IEEE Transactions on Power Electronics, 2005, 20(6): 1393-1401.

[31] IEEE Standard for Interconnection and Interoperability of Distributed Energy Resources with Associated Electric Power Systems Interfaces. IEEE Standard, 1547—2018.

[32] 国家电网公司. 分布式电源接入电网技术规定: Q/GDW 1480—2015.

[33] Francis B A, Wonham W M. The internal model principle of control theory. Automatica, 1976, 12(5): 457-465.

[34] 鲍陈磊, 阮新波, 王学华, 等. 基于 PI 调节器和电容电流反馈有源阻尼的 LCL 型并网逆变器闭环参数设计. 中国电机工程学报, 2012, 32(25): 133-142.

[35] Selvaraj J, Rahim N A. Multilevel inverter for grid-connected PV system employing digital PI controller. IEEE Transactions on Industrial Electronics, 2009, 56(1): 149-158.

[36] Zmood D N, Holmes D G. Stationary frame current regulation of PWM inverters with zero steady-state error. IEEE Transactions on Power Electronics, 2003, 18(3): 814-822.

[37] Busada C A, Jorge S G, Solsona J A. Resonant current controller with enhanced transient response for grid-tied inverters. IEEE Transactions on Industrial Electronics, 2018, 65(4): 2935-2944.

[38] Hasanzadeh A, Onar O C, Mokhtari H, et al. A proportional-resonant controller-based wireless control strategy with a reduced number of sensors for parallel-operated UPSs. IEEE Transactions on Power Delivery, 2010, 25(1): 468-478.

[39] Shen G, Zhu X, Zhang J, et al. A new feedback method for PR current control of LCL-filter-based grid-connected inverter. IEEE Transactions on Industrial Electronics, 2010, 57(6): 2033-2041.

[40] Pereira L F A, Flores J V, Bonan G, et al. Multiple resonant controllers for uninterruptible power supplies—A systematic robust control design approach. IEEE Transactions on Industrial Electronics, 2014, 61(3): 1528-1538.

[41] 杭丽君, 李宾, 黄龙, 等. 一种可再生能源并网逆变器的多谐振 PR 电流控制技术. 中国电机工程学报, 2012, 32(12): 51-58.

[42] 葛红娟, 蒋华, 王培强. 基于内模原理的新型三相航空静止变流器闭环控制系统. 电工技术学报, 2006, 21(9): 88-92.

[43] 孔雪娟, 王荆江, 彭力, 等. 基于内模原理的三相电压源型逆变电源的波形控制技术. 中国电机工程学报, 2003, 23(7): 67-70.

[44] Zhou K, Wang D, Yang Y, et al. Periodic Control of Power Electronic Converters. London: The Institution of Engineering and Technology, 2016.

[45] Haneyoshi T, Kawamura A, Hoft R G. Waveform compensation of PWM inverter with cyclic fluctuating loads. IEEE Transactions on Industry Applications, 1988, 24(4): 582-589.

[46] 王立建, 王明渝, 高文祥, 等. 复合控制技术在独立光伏并联发电系统中的应用研究. 电力系统保护与控制, 2012, 40(7): 88-93.

[47] Zhang K, Kang Y, Xiong J, et al. Direct repetitive control of SPWM inverter for UPS purpose. IEEE Transactions on Power Electronics, 2003, 18(3): 784-792.

[48] 黄朝霞, 邹旭东, 童力, 等. 基于极点配置和重复控制的电流型单相动态电压调节器. 电工技术学报, 2012, 27(6): 252-260.

[49] 宫金武, 查晓明, 陈佰锋. 一种快速重复控制策略在 APF 中的实现和分析. 电工技术学报, 2011, 26(10): 110-117.

[50] Jiang S, Cao D, Li Y, et al. Low-THD, fast-transient, and cost-effective synchronous-frame repetitive controller for three-phase UPS inverters. IEEE Transactions on Power Electronics, 2012, 27(6): 2994-3005.

[51] Lu W, Zhou K, Wang D, et al. A generic digital $nk \pm m$ order harmonic repetitive control scheme for PWM converters. IEEE Transactions on Industrial Electronics, 2014, 61(3): 1516-1527.

[52] Weiss G, Zhong Q C, Green T C, et al. H^∞ repetitive control of DC-AC converters in microgrids. IEEE Transactions on Power Electronics, 2004, 19(1): 219-230.

[53] Herrán M A, Fischer J R, González S A, et al. Repetitive control with adaptive sampling frequency for wind power generation systems. IEEE Journal of Emerging and Selected Topics in Power Electronics, 2014, 2(1): 58-69.

[54] Chen D, Zhang J, Qian Z. An improved repetitive control scheme for grid-connected inverter with frequency-adaptive capability. IEEE Transactions on Industrial Electronics, 2013, 60(2): 814-823.

[55] Lidozzi A, Ji C, Solero L, et al. Resonant-repetitive combined control for stand-alone power supply units. IEEE Transactions on Industry Applications, 2015, 51(6): 4653-4663.

[56] Li C Y, Zhang D C, Zhuang X Y. A survey of repetitive control. IEEE/RSJ International Conference on Intelligent Robots and Systems, Sendai, Japan, 2004.

[57] Gradshteyn I S, Ryzhik I M, Jeffrey A, et al. Table of Integrals, Series, and Products. San Diego: Academic Press, 2007.

[58] Tomizuka M, Tsao T C, Chew K K. Discrete-time domain analysis and synthesis of repetitive controllers. American Control Conference, Atlanta, GA, 1988.

[59] Tomizuka M, Tsao T C, Chew K K. Analysis and synthesis of discrete-time repetitive controllers. Journal of Dynamic Systems, Measurement, and Control, 1989, 111(3): 353-358.

[60] 潘雪. 分数相位超前迭代学习控制和重复控制的算法研究及应用. 南京: 南京航空航天大学, 2013.

[61] 陈东. 并网逆变器系统中的重复控制技术及其应用研究. 杭州: 浙江大学, 2013.

[62] Yamamoto Y, Hara S. Relationships between internal and external stability for infinite-dimensional systems with applications to a servo problem. IEEE Transactions on Automatic Control, 1988, 33(11): 1044-1052.

[63] Khalil H K. Nonlinear Systems. 3rd ed. NJ: Prentice Hall, 2002.

[64] Hara S, Yamamoto Y, Omata T, et al. Repetitive control system: A new type servo system for periodic exogenous signals. IEEE Transactions on Automatic Control, 1988, 33(7): 659-668.

[65] Jiang S, Cao D, Li Y, et al. Grid-connected boost-half-bridge photovoltaic microinverter system using repetitive current control and maximum power point tracking. IEEE Transactions on Power Electronics, 2012, 27(11): 4711-4722.

[66] Chew K K, Tomizuka M. Steady-state and stochastic performance of a modified discrete-time prototype repetitive controller. Journal of Dynamic Systems, Measurement, and Control, 1990, 112(1): 35-41.

[67] Tzou Y Y, Ou R S, Jung S L, et al. High-performance programmable AC power source with low harmonic distortion using DSP-based repetitive control technique. IEEE Transactions on Power Electronics, 1997, 12(4): 715-725.

[68] Costa-Castello R, Grino R, Fossas E. Odd-harmonic digital repetitive control of a single-phase current active filter. IEEE Transactions on Power Electronics, 2004, 19(4): 1060-1068.

[69] Hu J, Tomizuka M. Adaptive asymptotic tracking of repetitive signals—A frequency domain approach. IEEE Transactions on Automatic Control, 1993, 38(10): 1572-1579.

[70] Zhou K, Wang D. Zero tracking error controller for three-phase CVCF PWM inverter. Electronics Letters, 2000, 36(10): 864-865.

[71] Zhou K, Wang D. Digital repetitive learning controller for three-phase CVCF PWM inverter. IEEE Transactions on Industrial Electronics, 2001, 48(4): 820-830.

[72] Zhou K, Low K, Wang D, et al. Zero-phase odd-harmonic repetitive controller for a single-phase PWM inverter. IEEE Transactions on Power Electronics, 2006, 21(1): 193-201.

[73] Yang S, Wang P, Tang Y, et al. Explicit phase lead filter design in repetitive control for voltage harmonic mitigation of VSI-based islanded microgrids. IEEE Transactions on Industrial Electronics, 2017, 64(1): 817-826.

[74] Wu X H, Panda S K, Xu J X. Design of a plug-in repetitive control scheme for eliminating supply-side current harmonics of three-phase PWM boost rectifiers under generalized supply voltage conditions. IEEE Transactions on Power Electronics, 2010, 25(7): 1800-1810.

[75] Yao W S, Tsai M C. Analysis and estimation of tracking errors of plug-in type repetitive control systems. IEEE Transactions on Automatic Control, 2005, 50(8): 1190-1195.

[76] Tsai M C, Yao W S. Design of a plug-in type repetitive controller for periodic inputs. IEEE Transactions on Control Systems Technology, 2002, 10(4): 547-555.

[77] 赵强松. 新型比例积分多谐振控制及其并网逆变器应用研究. 南京: 南京航空航天大学, 2016.

[78] 王斯然, 吕征宇. LCL 型并网逆变器中重复控制方法研究. 中国电机工程学报, 2010, 30(27): 69-75.

[79] Zhao Q, Ye Y. A PIMR-type repetitive control for a grid-tied inverter: Structure, analysis, and design. IEEE Transactions on Power Electronics, 2018, 33(3): 2730-2739.

[80] Zhang M, Huang L, Yao W, et al. Circulating harmonic current elimination of a CPS-PWM-based modular multilevel converter with a plug-in repetitive controller. IEEE Transactions Power Electronics, 2014, 29(4): 2083-2097.

[81] Zhao Q, Ye Y. Fractional phase lead compensation RC for an inverter: Analysis, design, and verification. IEEE Transactions on Industrial Electronics, 2017, 64(4): 3127-3136.

[82] Liu Z, Zhang B, Zhou K. Universal fractional-order design of linear phase lead compensation multirate repetitive control for PWM inverters. IEEE Transactions on Industrial Electronics, 2017, 64(9): 7132-7140.

[83] Liu T, Wang D. Parallel structure fractional repetitive control for PWM inverters. IEEE Transactions on Industrial Electronics, 2015, 62(8): 5045-5054.

[84] Ye Y, Zhou K, Zhang B, et al. High-performance repetitive control of PWM DC-AC converters with real-time phase-lead FIR filter. IEEE Transactions on Circuits and Systems II: Express Briefs, 2006, 53(8): 768-772.

[85] Oetken G. A new approach for the design of digital interpolating filters. IEEE Transactions on Acoustics, Speech, and Signal Processing, 1979, 27(6): 637-643.

[86] Ye Y, Xu G, Wu Y, et al. Optimized switching repetitive control of CVCF PWM inverters. IEEE Transactions on Power Electronics, 2018, 33(7): 6238-6247.

[87] Longman R W, Huang Y C. The phenomenon of apparent convergence followed by divergence in learning and repetitive control. Intelligent Automation & Soft Computing, 2002, 8(2): 107-128.

[88] Zhang B, Zhou K, Wang D. Multirate repetitive control for PWM DC/AC converters. IEEE Transactions on Industrial Electronics, 2014, 61(6): 2883-2890.

[89] Ye Y, Wu Y, Xu G, et al. Cyclic repetitive control of CVCF PWM DC-AC converters. IEEE Transactions on Industrial Electronics, 2017, 64(12): 9399-9409.

[90] Chen X, Tomizuka M. New repetitive control with improved steady-state performance and accelerated transient. IEEE Transactions on Control Systems Technology, 2014, 22(2): 664-675.

[91] Escobar G, Hernandez-Gomez M, Valdez-Fernandez A A, et al. Implementation of a $6n \pm 1$ repetitive controllers subject to fractional delays. IEEE Transactions on Industrial Electronics, 2015, 62(1): 444-452.

[92] Zou Z, Zhou K, Wang Z, et al. Frequency-adaptive fractional-order repetitive control of shunt active power filters. IEEE Transactions on Industrial Electronics, 2015, 62(3): 1659-1668.

[93] Yang Y, Zhou K, Wang H, et al. Frequency adaptive selective harmonic control for grid-connected inverters. IEEE Transactions on Power Electronics, 2015, 30(7): 3912-3924.

[94] 姜一鸣, 姚俊涛, 刘飞, 等. 考虑电网频率偏差的并网逆变器多内模重复控制. 电力系统保护与控制, 2016, 44(21): 144-149.

[95] Xie C, Zhao X, Savaghebi M, et al. Multirate fractional-order repetitive control of shunt active power filter. IEEE Journal of Emerging and Selected Topics in Power Electronics, 2017, 5(2): 809-819.

[96] Wang Y F, Li Y W. Grid synchronization PLL based on cascaded delayed signal cancellation. IEEE Transactions on Power Electronics, 2011, 26(7): 1987-1997.

[97] Saitou M, Matsui N, Shimizu T. A control strategy of single-phase active filter using a novel d-q transformation. IEEE Industry Applications Conference, Salt Lake City, uT, 2003.

[98] Ciobotaru M, Teodorescu R, Blaabjerg F. A new single-phase PLL structure based on second order generalized integrator. IEEE Power Electronics Specialists Conference, Jeju, 2006.

[99] Agorreta J L, Borrega M, López J, et al. Modeling and control of N-paralleled grid-connected inverters with LCL filter coupled due to grid impedance in PV plants. IEEE Transactions on Power Electronics, 2011, 26(3): 770-785.

[100] Merry R J E, Kessels D J, Heemels W P M H, et al. Delay-varying repetitive control with application to a walking piezo actuator. Automatica, 2011, 47(8): 1737-1743.

[101] Ben-Brahim L. On the compensation of dead time and zero-current crossing for a PWM-inverter-controlled AC servo drive. IEEE Transactions on Industrial Electronics, 2004, 51(5): 1113-1117.

[102] Canonico E B, van der Laan E, Koekebakker S, et al. A new robust delay-variable repetitive controller with application to media transport in a printer. IEEE International Symposium on Intelligent Control, Dubrovnik, Croatia, 2012.

[103] 董昊. LCL 并网逆变器系统的改进重复控制分析与设计. 南京: 南京航空航天大学, 2019.

[104] Song Y, Nian H. Sinusoidal output current implementation of DFIG using repetitive control under generalized harmonic power grid with frequency deviation. IEEE Transactions on Power Electronics, 2015, 30(12): 6751-6762.

[105] Yang Y, Zhou K, Cheng M, et al. Phase compensation multiresonant control of CVCF PWM converters. IEEE Transactions on Power Electronics, 2013, 28(8): 3923-3930.

[106] 竺明哲, 叶永强, 赵强松, 等. 抗电网频率波动的重复控制参数设计方法. 中国电机工程学报, 2016, 36(14): 3857-3868.

[107] Zhu M, Ye Y, Xiong Y, et al. Multi-bandwidth repetitive control resisting frequency variation in grid-tied inverters. IEEE Journal of Emerging and Selected Topics in Power Electronics, 2022, 10(1): 446-454.

[108] Wang Y, Darwish A, Holliday D, et al. Plug-in repetitive control strategy for high-order wide-output range impedance-source converters. IEEE Transactions on Power Electronics, 2017, 32(8): 6510-6522.

[109] Zhu M, Ye Y, Xiong Y, et al. Parameter robustness improvement for repetitive control in grid-tied inverters using IIR filter. IEEE Transactions on Power Electronics, 2021, 36(7): 8454-8463.